U0128585

人文科普　—探询思想的边界—

NIGHT

A PHILOSOPHY
OF THE
AFTER-DARK

夜

哲学　黄昏后的

JASON BAHBAK MOHAGHEGH

［英］杰森·巴克·莫哈格　著

吴娱　译

徐军　审校

中国社会科学出版社

图字：01-2022-3570 号

图书在版编目（CIP）数据

夜：黄昏后的哲学/（英）杰森·巴克·莫哈格著；
吴娱译 . —北京：中国社会科学出版社，2023.9
（鼓楼新悦）
书名原文：Night：A Philosophy of the After-Dark
ISBN 978-7-5227-2341-9

Ⅰ . ①夜… Ⅱ . ①杰… ②吴… Ⅲ . ①人生哲学—通
俗读物 Ⅳ . ①B821-49

中国国家版本馆 CIP 数据核字（2023）第 139819 号

出 版 人	赵剑英
项目统筹	侯苗苗
责任编辑	侯苗苗
特邀编辑	刘亚楠
责任校对	周 昊
责任印制	王 超

出 版	中国社会科学出版社
社 址	北京鼓楼西大街甲 158 号
邮 编	100720
网 址	http://www. csspw. cn
发 行 部	010-84083685
门 市 部	010-84029450
经 销	新华书店及其他书店

印刷装订	北京君升印刷有限公司
版 次	2023 年 9 月第 1 版
印 次	2023 年 9 月第 1 次印刷

开 本	880×1230 1/32
印 张	5.5
字 数	108 千字
定 价	55.00 元

在阅读这部作品之前，我阅读过杰森·莫哈格的另外两本书，一如既往的是，我发现本书依然秉承着作者独特的风格，其非凡的艺术形式，以及对当代非西方思想的研究几乎自成一格的探索和复兴。作者创造性地、哲学性地重新思考什么使得哲学重要，以及哲学影响着什么，同时也向当代哲学主流理论框架发起了挑战。

——杰森·沃思（Jason Wirth），西雅图大学哲学教授

作者通过《夜：黄昏后的哲学》体现出其优越的学术造诣、高超的行文思路，以及坚毅的学术追求……其独特的文风和新颖的方法论会给读者带来耳目一新的感觉，并为读者描述了繁杂和多维的文化世界，以及关于现实世界更多的刻画。相比于清晰透明的统一体或结构，他所勾勒的是一个不断变化的破裂宇宙，使得读者可以在日常生活中追随情感的痕迹。

——马哈茂德·穆特曼（Mahmut Mutman），坦佩雷大学文化研究教授

献给我的妻子，

她的陪伴，让我不觉黑夜已至。

目　录

译　序

作为20世纪最出色的现象学家之一，莫里斯·梅洛-庞蒂在他的著作《知觉现象学》中把夜的空间视作不同于传统"对象空间"的"体验空间"的代表，他这样刻画夜的空间性特征："夜并不是我面前的一个对象，它包裹着我，通过我所有的感官渗透着我，它遏制着我的回忆，并且它几乎抹去了我的个人同一性。"[1] 夜的空间作为一种纯粹的进深，它没有侧面，它笼罩着我们，使得我们感受到我们自己的偶然性，使得我们回溯到在白天的秩序框架的束缚下难以触及的原初的经验领域。

而杰森·莫哈格的这本《夜：黄昏后的哲学》无疑是对这种夜的经验的丰富性的探索和拓展，作者也秉持着相似的观点，认为夜的降临推翻了主流的秩序和常识的神话。在本书中，作者通过"夜行"这个本身就蕴含着时间结构和空间结构的行为线索，把不同文化中关于夜的错综复杂的经验连接了起来，在夜之中，时间和空间

---

[1]　Maurice Merleau-Ponty, *Phénoménologie de la perception*, Paris: Gallimard, 1945, p. 328.

不再是分散的点和部分,而是在运转中纵横交错的结构。在这种新的时空之中,不断孕育出形态各异的意义表达,可以说夜恰恰是这些意义生成的土壤和源泉。通过展示这些意义的交汇和碰撞,作者在本书中带我们领略了一场丰饶的文化盛宴——从当代具有反思性的关于夜的建筑与事件的艺术创作,到带着东方神秘气息的对于睡美人的窥探与遐想,再到伊斯兰传统中发生在夜间的先知升天之旅,最后到古巴比伦、古埃及、波斯、阿拉伯等不同文化中的夜的信仰与神话传说……时间、空间、恐惧、虚无、欲望、死亡、遗忘、谜、孤独、感觉——夜展示这些经验,同时又超越它们……在跟随夜行者的旅程中,我们不断地被迎面而来的丰富体验冲击,并感受到夜的独特风格和魅力。

当然,这本书不仅在文化研究上独树一帜,在哲学上也是颠覆传统的。作者跳出了概念、范畴和命题逻辑的主流框架,通过"夜"的独特言说方式,即通过天马行空的想象和呓语、通过最原初的感觉来表达意义。因此,与其说这是一种哲学,不如说这是一种"前哲学"或"前反思"的探索,也为今天的主流哲学对于意识、身体、他人等核心论题的研究提供了丰富的源泉。

在本书的翻译过程中,我得到了诸多帮助,在此表示衷心的感谢!首先感谢石羚师兄和我先生牵线,才让我接触到这部有趣的作品;感谢何雪丽女士的初读;感谢徐军先生对译稿的校对和润色,使得译文更加流畅易读，并在一些翻译问题上提出了中肯的意见；感谢我的好友唐艺和李博文，他们和我一起集中阅读与探讨了本书，并从读者的角度给这本书的翻译提出了许多建议；感谢编辑老师们的细致工作！

译文如有不足之处，期待读者多多批评指正！

吴 娱

2022 年 10 月于燕园

引 言

七个原则（暗夜的悖论）

要研究**夜**，你必须紧盯着一个凭直觉已经意识到的矛盾对象：**夜**是恐怖滋生之地，也是风光旖旎之地；**夜**隐藏了某些行为，但有些事物恰恰在夜间出没；我们被它突如其来的声响惊吓，也认识到它那平静安适的熟悉感；即使是号称**夜**的神话之子的"睡眠"，也并不是安全的赌注，它二元对立地将美梦和噩梦、有意义和无意义带给无意识的心灵。除此之外，我们必须通过实践者们迷人多样的棱镜来参与夜的活动。也就是说，这些实践者保持不一般的时间计划，并可能在不同的夜里有各种活动（这些夜晚可能充斥着恐怖，但也有令人向往的活动）。相较于游荡者（如游牧者、居留者、梦游者）而言，犯罪者（如逃犯、商人、小偷）与黑夜的关系有所不同，同时也不同于诸多其他的子身份——他们的生存需要依赖对**夜**的规律的某种精确掌握，同时也依赖对**夜**与时间、空间、恐惧、虚无、欲望、死亡、遗忘、谜、孤独、感觉、视觉、秘密、怪物和肉体这些"概念—经验的"关系的掌握。一个人必须从始至终地保持警惕和清醒，在别人闭上眼睛时也得小心提防。

颠覆一切的夜

夜发动了对典型（the archetypal）的革命。它推翻了主流的等级秩序和普遍的神话，而向化装舞会或篝火的绚丽的无序伸出橄榄枝。夜是一个人以其他方式去摸索和探寻的时空，这是一种远见的、想象的、不实在的、未知的、他处的、外部的、生成的时空。夜是人们初次构建激进思想的阴谋之地，夜使得疯狂和危险的意识涓滴坠落。与此同时，人类生存的某些支配范畴被暂时悬搁，取而代之的是纷至沓来的分类和框架（诸如被禁的图书馆、档案馆、目录和编排）的假象。

哲学研究的领域里一直存在一场古老的战争，在这场激烈的冲突中，对立双方大相径庭：一方面，那些和作为启蒙的知觉哲学结盟的运动，因此将不可避免地与真理、绝对论和唯心论的论述紧密相连，从而使我们的哲学成为一门极其严肃、规范的学科。传统、结构、理性和心灵的系统秩序随之而来。另一方面，另一些和作为黑暗的远足的知觉哲学结盟的运动，因此将不可避免地与混乱、例外、模糊和碎片化的论述联系在一起，这将使我们的哲学成为一个离经叛道的、应受责备的事业。原初性、扭曲、颤抖和暴戾的推断是它的重要因素。一个阵营认为，是光明承诺了**存在**（Being）的某种稳定性，即渴望落地生根（desire for groundedness）；而另一个阵营则认为，是夜晚生成了某种途径和轨迹，即渴望飞行或自由落体（desire for flight or freefall）。在这种对抗中，一场在王权与开放的大海之间的战争揭开序幕，一场在意义与在纯粹无意义的褶皱中对意义的巧妙操纵之间的战争就此打响。因此，白昼与黑夜之间的概念分裂标志着生存的边界，即在那些有着病态的统治需求的人，以及那些对抛弃、颠覆和重塑经验的必朽游戏行为具有魔鬼般冲动的人之间的边界。

致命赌注般的夜

夜是一张独一无二的彩票，只要有适当的诡计，任何人都可以赢得至关重要的一局，完成原本不可能完成的财富或密谋交易。夜是出乎意料的狡诈战胜了清醒的理智的地方，是游戏意志（will to play）享受着暂时的无法无天的（lawlessness）奖赏之地。夜是罪恶被赋予另一种纯洁的地方，是神明对那些用赌徒的骰子扰乱和谐有序（cosmos）的人视而不见的地方。夜就这样把本原连根拔起，让运气荣登为新的先祖。所有的恶意都可以在夜里同台竞技，诱惑、惊奇和狂喜挑战我们的极限，势均力敌，来回拉扯。夜并不是撒满神圣承诺的高处的空气，而是持续在偷得的几个钟头里亵渎永恒的呼吸。对于那些既一无所有（但剩绝望），又渴望一切（探求）的人来说，夜是一切债务和最终风险都可以被抛诸脑后的地方。出于这个缘故，这样的夜是我们没完没了地毁灭的地方，也是我们从未能真正死去的地方。

创造的错误的夜

夜也是为生存（existence）的重大错误哭泣或庆祝的时间段。创造是错误的；存在（Being）也是错误的。这一切本不该发生，已发生的这一切都错了。我们不顾基本的力量，违背机会和意图而发生；我们每一次持续的呼吸都构成象征性的和物质性的冒犯。因此，夜提供了一个悬崖，人类可以跨越自身的羞耻感存在，越过这道悬崖，来检验这段旅程是否到达一个错误的终点；夜为我们无可辩驳地到达这里收集颂词。有些人乘欢笑而行，有些人以悲叹挪步，但所有人都走向了看到这个错误的外部门槛……这是一种不受欢迎的睚眦必报，是一劳永逸的。因此，夜恢复了我们束缚的长久性的意识（awareness of the longevity of our bondage），也恢复了我们的长久性的束缚（the bondage of our longevity）的意识。

至高相遇的夜

夜是自我邂逅它自身的更高版本的地方，无论是在迷失的小巷里，还是在老酒馆的角落中。这个形象是对个体的强化版本的演绎——几乎是同一的，但速度稍微更快些，更有说服力，更有吸引力，更有洞察力。遇见总是领先两步的自我的相似版本，这意味着什么？在白天，受制约的主体（社会、政治、文化存在）可能会立即对这个崇高的典范（elevated paragon）产生怨恨，并希望使其死亡（毕竟，人类不是要杀死他们所有的神吗？）。而在夜间的主体却能感知到这个精致化的亲缘性的自我（refined kin）的珍贵，以至于开始一种直接的门徒追随关系。向锋芒尽显的对手臣服，向朝着精明老练发展的自己（one's own arc toward sophistication）鞠躬，这就是自我的排他性的主人的经验，自我是我们必须在午夜时分用消耗性的能量去崇拜、模仿、服务和学习的主人。因此，黑夜将一种朝向至高无上的典型的关系性（typical relationality）转变为一种正当的承认关系（rightful acknowledgement），同时恢复一个人最重要的荣誉原则，即希望被自身强化的自我元素所湮灭的原则。

客观唯我论的夜

夜唯一知道的只有它自身：黑暗不承认其他的一切，就像黑洞不允许光或质量侵入，它现象性地圈于自身的进动（procession）。当世界忘记了接纳它所创造的事物，忘记了一切不属于自身的东西，会发生什么呢？在内在性（immanence）和超越性（transcendence）之外，我们发现了一种唯我论式的残酷性，即夜不再从自身之外的其他任何事物中认出自己，也不再从自身以内的任何其他东西中认出自己。这甚至不是权力的关系，而是漠然的收缩关系。然而，如果我们置身在这些分离的山谷间的道路上，即使我们致命地摔倒，**夜**甚至都不会注意到我们的伤亡。如果（元素的、地球的、银河系的）大气层声称自己有绝对的免责性（irresponsibility）和自我封闭的权利，我们就会发现自己无望地被夜的内在性所疏离。

初次回归的夜

夜最罕见的形式同时是一种（初次的）敬畏和（故地重游的）回归的体验。初次回归的夜并非原初的，而是永恒的（这种敬畏和回归往往是混乱的情绪，因为它们都让人感觉十分悠久）。初次回归是一种旋风般的感觉（a cyclonic sensation），一种对于圆圈、环形、旋涡、旋风、流沙和旋转门的感觉。对于这样的感觉来说，这些反复出现的存在者、力量和随之而来的概念清单被证明是非常宝贵的：

● *满月的回归（变形）：狼人*

- 梦魇的回归（恐惧）：做梦者

- 神圣的回归（复活）：救赎者

- 诅咒的回归（复仇）：敌人

- 潮汐的回归（迁徙）：水手

- 放逐者的回归（仇恨）：流放者

- 远古的回归（力量）：神像

- 文字的回归（召唤）：信使

- 威胁的回归（恐吓）：勒索者

- 亡灵的回归（消失）：幽灵

- 欲望的回归（痴迷）：跟踪者

- 疼痛的回归（感染）：病毒

- 被弃者的回归（废物）：流浪者

- 荣耀的回归（证明）：斗士

- 事发现场的回归（隐藏）：罪犯

- 尘埃的回归（有朽）：创造

- 本能的回归（动物性）：生灵

- 不归点（不可逆性）：失落的原因

夜在自己的折痕中庇护了数不胜数的原型（prototypes），并支持我们探索和回溯这些主题下的更加深层的关系：遗忘、天真、狂喜、灾难、驱逐、节日、仪式、懦弱和消亡。从此以后，这些关系成了各种迷宫。

欺骗理论的夜

夜解决了现代哲学的瘫痪困境，即对真理、知识和元叙事的巨大挑战，（在一些批评家看来）它给现代哲学留下了一个自我挫败之醒悟的空虚时刻。在这里，思想似乎在无休止的自我惩罚的循环中解构自己，悲观地撕裂自身的根基，宣告自己脆弱的怀疑，并把自己限定在非整体化的空虚中。思想于是被困在一片沙漠和绿洲之间——那是质疑语言、同一性和意义的虚无主义的无情沙海，以及一些人迫切希望回归的传说中科学知识论的确定性的虚伪绿洲。

然而，在受虐的怀疑论和施虐的真理的列表之外，**夜**也验证了第三条路线：欺骗理论。在古代、中世纪和现代思想的晦暗不明的潮流中，人们已经认识到，本质的三重宿命（**上帝**之死、**人类**之死、**实在**之死）并不意味着走向可能性的死胡同，而是要揭露一个无疆界的划时代生存的（epochal-existential）谎言纪元。谎言的狂喜回旋盘绕，并不存在于和真理标准的辩证关系中，第一个存在的伪造品变为一千种把戏的分支，这些把戏包括独创力、诡计、背信弃义、虚构的出卖和精心的设计。山之老人（中世纪波斯刺客的首领）说："一切都是幻觉，因此一切都被允许。"他在庭院和堡垒的屋顶散步，呼吸着夜晚的新鲜空气的时候，发表了这番激进的言论，这并非巧合。可以说是群星在他的舌头上刻下了一个斜面，或者是黑暗把他的话语分岔成了烟和镜（smoke-and-mirrors）时代的哲学。它仍然指导着我们，提醒我们用视觉、诽谤、谣言、故事和诗意的消遣这些荒诞狂热的冲力（成为夜的谎言大师）来填补理性的空洞。

在这本简短的书中，我们将看到夜如何为剧烈和大规模的转换提供机会：在第一章中，夜的时空秩序向其他的时空演化；在第二章中，曾经假定的身份变成了相反的角色，他们戴着自己的面具，玩着表演性的心灵游戏；在第三章中，夜晚中的物质对象转换位置、功能、外观和比例（事物的报复）；最后，在第四章中，概念自身在彼此之间相互渗透和游荡，形成了不可知的主题。因此，在这些美好的夜晚，没有什么实在性的结构能保留它的完美无瑕；在这里，我们所关心的只是这个实在性被抑制的进程（dampening）。

第一章

反未来之夜（暗夜的时空）

旅行者之夜；建筑师之夜；反叛者之夜

夜的哲学应该从夜行者的意识（awareness）开始，这点正确无误，因为这些人掌握夜间活动的模式，并在多数人无意识的时间里精心筹划他们的潜入或逃离。很多概念性的人物都跃然于想象之中，每个人都带着自己的技艺和野心，并写下了对黑暗间隔的感觉编排（sensorial orchestrations）：**小偷之夜；逃跑者之夜；妓女之夜；酒鬼之夜；失眠者之夜；革命者之夜；歇斯底里者之夜；巫师之夜**。在别人陷入静肃之时，夜行者们都必须学会保持运动；在别人休息之时，他们也都必须不眠不休。[1]

我们可以从两个不同的作品来探讨夜行者的"现象学—经验性的"（phenomenological-experiential）理论。

案例一：黎巴嫩贝鲁特"B018 俱乐部"（建筑师：贝纳德·库利，1998 年）。"夸兰坦"（"The Quarantaine"）以从附近港口入境的外国人的旧检疫站命名，它是一处遭到轰炸而满目疮痍的地区，后来成为亚美尼亚、库尔德和巴勒斯坦难民营的基地，但该国的内

---

[1]　本章最初以《夜行者：夜间时间、空间和运动的理论》（"The Night Traveler: Theories of Nocturnal Time, Space, Movement"）为题，出版于 *Philosophy, Travel, and Place: Being In Transit*, eds. Ron Scapp and Brian Seitz, New York: Palgrave Macmillan, 2019。

战清理了这个区域。今天，这家俱乐部位于地下掩体中，呈不祥的地堡状。它有一个巨大的可伸缩的金属屋顶，午夜过后，每小时开合一次。所以无论是过去还是现在，夜行者的几种形态在这里交汇：那些曾经被强制隔离的老船客，那些家园被占领而流离失所的流亡者，那些每天晚上在城市街道上巡行抢劫的宗派主义者，投机取巧地将黑暗等同于意识形态和鲜血；那些被屠杀的少数民族，他们在敢死队面前穿越成了虚无；最后，那些属于我们这个时代的夜宴者，他们一次又一次地召唤自己来到这个陌生的地方，就像参加一场末日仪式。

案例二：电影/摄影装置《在未来，他们曾以最上等的瓷器就餐》（艺术家：拉里萨·桑苏尔和瑟伦·林德，巴勒斯坦，2016年）。这部视觉作品上演了一场反叛领导人和一位心理分析师之间的虚构对话，前者被控"叙事恐怖主义"（"narrative terrorism"），因为她在地球上伪造历史的遗迹，为即将到来的民族建立虚构的历史。因此，这两个人物——戴着头巾的起义者和不可见的审问者——在神话、记忆、遗产和权力的问题上战术性地巧妙跳跃。在这里，上面的四个概念都沦为欺骗性的艺术形式，未来派的荒凉景象在屏幕上若隐若现。因此，夜行者的几种形态在这里也有交集：好战的说书人向后代传递伪造的信息（时间旅行一）；幻影祖先和幻影后代将骗子的故事串联在一起（时间旅行二）；那些被监禁的激进分子在遥远的、充满阴影的房间里踱步，同时接受着检察官的盘问，而这个检察官痴迷于犯罪战争（时间旅行三）。

1. 夜行与时间

"B018"是一个音乐俱乐部，一个夜间幸存者之地。[1]

诸多错综复杂的时间性交织进了"B018"的夜行者的步伐中：这些时间性从焦躁不安的开始到详尽无遗的余波；从相遇时的喧闹到回归时的徒劳。

（1）首先，从夜间活动进程的两端来看，存在两种宏观时间体验：进入和离开宏观时间。基于不同的诉求，这两种时间体验赋予了该俱乐部两种独立、神秘的力量：①在自己的非世界性的时间统治范围内（sovereign cube）封印时间旅行者；②然后再无情地将客人放回真实的时间中（最后的召唤）。这些复杂的做法，恰恰与突如其来的黄昏和黎明相一致：首先，我们目睹了到达者超乎预期（hyper-anticipatory）的神经系统，但他们以僵硬的姿态在外面排队等待；然后，我们见证了在离开人群的松弛躯干上体现出的时间关

---

[1] Bernard Khoury（architect）. "B018", Beirut, Lebanon, 1998. http：//www. bernardkhoury. com/project. php？ id＝127.

闭后的驱逐，如同僵尸一般，踉跄着进入灰暗的阳光。因此，曾经古老的夜间点灯人和灯塔看守人的角色已经转换成了他们在后现代的对应角色，即俱乐部经理（他会打开电灯开关，正式地为夜间活动揭幕）和门卫（他环视即将到来的人）。就像所有驻扎的守护者一样，他们实际上是在打开和关闭通往某个专属时间景观的大门。

（2）下一个需要考虑的时间层发生在俱乐部自身内部，即"夜游"（"night out"）的内部—中间体验（inner-middle experience），它像印象派绘画中的天空，它流动着，弥散开来，没有边界。夜行者们闭上眼睛，摇摆、比画、微笑，喝着精酿的酒，假装失去控制。但这既不是超越的（transcendent）时间，也不是越轨的（transgressive）时间；像所有腐朽的方式一样，在游戏的表面之下隐藏着一股苦涩的暗流，这就是为什么在城市最肮脏的地区的爆炸碎片中，他们带着一种怨恨的姿态上演着遐想。这不是越轨的，因为没有等级意识，他们的整个集体不过是邪恶毁灭的标志；这也不是超越的，因为贫民窟是城市的真实面貌。取而代之地，我们看到一场世界末日（end-of-the-world）的表演、一场瘟疫舞会的时间舞步。

（3）这将我们带到了最后的时间融合，它如同炼金术一样，混合了幽灵的时间和幸存者的时间。但我们应当记住，这种所谓的快乐主义，实际上是建立在上一代人在内战期间被清理的难民营的废墟上。然而，我们的夜的建筑师却不遗余力，不是去掩盖这种污秽的弹痕,而是将它们包裹在墙壁和地面中,每天夜里吞没这里的顾客们。因此,俱乐部本身就是一种直言不讳的力量的工具,用来阐明这起杀戮事件;它不可阻挡的电子节拍便是纯粹的死亡打击节奏。音乐只能传送回灾难性的想象;这里的结构让被困扰心灵放纵到无穷维度,似乎同时将幸存者的罪恶感与他的战无不胜的、难以自拔的冲动结合在一起。然而俱乐部的时间游戏走得更远:虽然生存是基于暴力了结的时间假设(需要对已经逝去的事件有一个概念),但大地下面这个沉陷的圈套却把所有人的肾上腺素都调动了出来,呈现出一个简单的事实:没有人可以活着出来(因为战争还没有结束)。是的,这里曾发生过一个错误,但这里仍然是一个备受谴责的制造错误的地方。因此,夜行者并不会在否认中举杯;他们举起酒杯,是为了承认,承认这不断离经叛道的(ever-violating)几十年,为不可原谅的人或事件干杯。

1.5　夜行与时间

> 这个地方始终是一个勉强运作的反乌托邦……它深入启示
> 录中,是一个加速的微观世界,但在一点一点地消失。[1]

---

[1]　Larissa Sansour and Soren Lind, *In the Future, They Ate From the Finest Porcelain* (film, 2016). http://www. larissasansour. com/Future. html.

《在未来，他们曾以最上等的瓷器就餐》通过引入自己的大锅——它是时间的侵入，从原始荒地延伸到后世界末日的未来（post-apocalypic futurities）——来向我们提出这个问题：一个人如何从消亡的位置建立一条古老的血脉？

（1）这里呈现的第一个时间性是一个疲惫不堪的战士的时间性，她要面对是她的种族几乎被灭绝的事实。她是一个女船夫，在汹涌难挡的水流中划行；种族灭绝的确定性之水围绕着她，除了所谓的失败的革命时间（*failed revolutionary time*）的稀薄表象，其他什么也没有留下。在这里，时间反映了一个相互消失的时代，随之而来的是一个当下的聚居地，它无法挽救，逐渐消亡。她的人民逐渐滑入无常的血盆大口之中——遭受迫害、生命短暂、不被拯救——从而构成了失去实例的无形的下颌线。

（2）被揭示的第二个时间性是对一个姐妹被谋杀的非创伤性叙述的时间性，对此，持不同意见的叙述者将她描述为纯粹的替罪羊（"其实，他们在她身上看到了每一个人，看到了一切"）。因此，敌军组织只通过她的危险潜能来感知这个年轻女孩，在她的微型身体里孕育着下一个抵抗分子，从而将我们带入可能被称为偏执狂的时间（*paranoiac time*），也就是说，一个基于怀疑、内疚和先发制人的惩罚的疯狂叙述的时间框架。没有残留纯真的痕迹，甚至在孩子的身体或目光中也毫无踪影；所有的一切都必须被拆解，最终变成可怕的例子。即使是未出生的婴儿也被列为潜在的威胁（threat-in-waiting）。

（3）我们最后注意到的时间性是恐怖主义的时间（*terroristic time*），虽然这里是作为一个缓慢的赌注，跨越漫长的文明变迁。这位女战士操纵着命运；她为那些被剥夺了名字和土地的人创造了荒诞不经的古代性。大多数恐怖活动都抓住了时间上的突发性（意外、埋伏、爆发），而这个叙事—考古学（narrative-archaeological）版本的女人在泥土下挖掘着粗糙的印记，以便为未来的继承人赢得他们的头衔、权利和可靠性，这是对预言的时间广度的发挥（所有已知的是，其他人将会到来）。因此，政治意识陷入了残酷的缥缈场景的巢穴，远离绝对的真理，反而更接近于幻想的谵妄，它属于那里，因为同时代的东西（contemporaneous）变得越来越即兴（extemporaneous），历史的东西变成了战略性的宇宙论。当下已被损毁，只有伟大的拆散者、伪造者和装腔作势者才能为其复仇，并心甘情愿地将地质学上分层的（geologically-layered）幻觉层层叠加，以便留下一份望远镜式廷展的、可追溯的遗产。

2. 夜行与空间

屋顶的开放将俱乐部暴露给上面的世界，并将城市景观作为城市背景展现给俱乐部里的顾客。屋顶的关闭意味着一种自愿的消失，一种休整的姿态。整座建筑被混凝土和柏油路面的圆环所包围。汽车在俱乐部周围环行，同心的停车位按照旋转木马的形式围绕着建筑。[1]

为了理解我们第一个夜间旅行者类型的空间动态，我们必须仔细盘点"B018"景观的建筑特征，特别是军事管制区、楼梯、屋顶、停车场、坟墓和靶子。

（1）军事管制区。我们必须首先记住，我们站在"夸兰坦"地区，一个最初与隔离、排外、污名同义的街区，一个把外来者视为恶疾，并且千百年来为外来者所恐惧的街区。半个世纪后，它成为极端主义团体对难民进行致命清洗的深渊之地，它以残酷的神的名义背弃了曾经坚守的神圣庇护所与收容所的誓言。因此，这个地方仍然被它以前的运作逻辑所困扰：一半是营地，一半是废墟。然而，在今天，隔离区以容纳两个令人厌恶的行业而闻名：这里既有垃圾处理设施，同时也是屠宰场。因此，该地区的周边总是弥漫着动物血液和垃圾的气味。它是一个残余混乱的地方，城市日常的脏活累活都在这里完成，却没人注意它。垃圾

---

[1]　Bernard Khoury (architect) . " B018 " , Beirut , Lebanon , 1998.　http：//www. bernardkhoury. com/project. php？ id＝127.

清理工和屠夫是这个领域的真正国王，我们的俱乐部夜行者在这里徘徊。[旁注：就在该地点附近，在几座半废弃的建筑之外不远的地方，存在一个始终理想化的（ever-idealized presence）海洋王国；因此，在近距离内，拍打海浪的声音、咸水的气味和地中海北部海岸线的景色交织在一起。因此，人们不禁要问：无边无际的空间被戏谑地安置在垃圾场/棚户区/杀戮场的脚下，这有错吗？]

（2）**楼梯**。楼梯有一个明显的地狱维度，它将人们带入"B018"，就像所有伸向地下深处的梯子一样，仿佛筵席、盛会、节日和化装舞会的存在代价就是踏入地狱本身。更准确地说，矮了一截的混凝土楼梯让人联想到过往的轰炸，那时城市的汽笛和警报不断响起，宣布即将到来的空袭，处处是围困的氛围；烟雾笼罩的天空下起了火焰之雨。在这种情况下，人们会本能地跑向地下以寻求庇护——进入路障、战壕、舱室、洞穴——俱乐部魔鬼般地保留了这种冲动，将来访者雕刻成一种紧急禁锢的姿态。

（3）**屋顶**。建筑师告诉我们，他的建筑是"设备"，所以我们会问，一个巨大的金属屋顶和它每小时的液压收缩有什么创造性的秘密？这个巨大的装置既保护了夜行者，又让他们暴露在周围的城市贫民窟中，其中蕴含着怎样的谋算？这种由钢铁部件吱吱作响的间歇性启示，与逃避主义相对立；天花板转动着，舞蹈的反重力感和它漂浮着的声音悸动，让人无法将自己完全托付给它。它突然让人恢复了空间即武器的（space - as - armament）意识；这不是一种逃避，而是短暂停顿后对不可逃避的东西的一种狡黠的赞美。

（4）停车场。临时停车场有一个狂欢点，它位于实际的俱乐部空间之上，就像一个废弃机器的雕塑花园，以奇怪的条纹叠放在一起。这就是建筑师口中的"旋转木马阵"（"carousel formation"）。然而，这些涂有油漆的铝制机身的静默，也散发出一种葬礼般的气息（funereal quality），类似化石般的骨头，就好像在一个时代的反乌托邦之后，它们失去了合法的主人，只留下一块墓地或技术陈旧的博物馆。因此，这块地究竟是废弃的完美空间性，还是我们周围（无人驾驶的）混乱的模拟？另一方面，人们也可以从地上的停车场中读出一种黑暗的贵族气氛，几乎就像停在森林中一个安全的庄园里的秘密社团的马车。那么，对于那些涉足密码、神秘主义或禁忌服务的人来说，这是一个玄妙的入口。

（5）坟墓。俱乐部的物理空间被淹没在地下几米处，这在何种程度上是试图将其顾客转移到一个集体坟墓（注意：其走廊被称为"气闸空间"）？这些夜行者在多大程度上参与了建筑师想要活埋他们的狡猾的暴行？在前端，建筑师搭建了一个流行音乐节目主持人的平台，它就像一个五颜六色的祭坛（虽然这只是在讽刺不在场的神圣性）；而在我们头顶上，被腐蚀的屋顶现在似乎是一个悬空的棺材盖。事实上，建筑师进一步谈到他的设计顶着"可怕的光环"（"macabre aura"），这也许意味着伴随着这种夜间聚会，会产生黑色幽默的荒诞性，即最微小的财富的奢侈，通过这种奢侈，一些人在原本灭绝的现代性的土堆中苟延残喘[1]。然而，对他们这些夜行者来说，这种半死不活的生活并不舒服；因此他们来到"B018"，要完成这项工作。他们想追求的是终结本身，从此一劳永逸。这是一个自杀式的异教混合物。

（6）靶子。 从空中俯瞰，俱乐部的建筑蓝图就像狙击枪的十字准线，所有参观者都会掉入靶心的致命场景之下。因此，这个结构会发现自身处于一个恶的审美全知者的瞄准中心，它的居民被统一在靶心和一个由绘图员变成的神枪手（draftsman-turned-marksman）的邪恶意志之下。而当他们最终进入早晨 7 点的黯淡黎明时，他们在生理上出现了这种（猎人之夜的）不适：曾经的时尚者重新出现之时却看起来并不时尚，成了向不美丽转变的（becoming-unbeautiful）牺牲品……他们的头发凌乱，他们的化妆品散落，他们的衣服为虚假的过度承诺所玷污。他们不再是精英，而是散发着亵渎的气息；他们无力地、困惑地蹒跚而行，就像最初的人类，或身受千疮

---

[1] Bernard Khoury（architect）. "B018", Beirut, Lebanon, 1998. http: //www.
bernardkhoury. com/project. php? id = 127.

百孔之人，或类似幼虫和半盲的东西。因此，靶子已经护送他们走向纯粹的婴儿期或纯粹的终结期，他们的特殊性或独特的身份在地下遭到剥夺。现在，在微弱的阳光下，他们看起来并没有什么不同，这让我们想起了"亡者的铃声"（"dead ringers"）这个说法，人们往往误以为它是在新的坟墓中放置一根铃铛绳，以防止主体在昏迷或睡眠时被错误地埋葬，这样他们就可以唤醒其他人来解救他们（因此有一个恰当的表达："铃声拯救"）。[1] 但是救赎并没有巡访"夸兰坦"，因为"B018"的最后一记钟声只是让它的顾客陷入吸血鬼般的脆弱，让他们对某些形式的光、触觉和声音过度敏感，他们的内心已经死亡，以至于达到了受诅咒的不朽，从而为一夜饥渴付出了公平的代价……这是对创造的错误的可耻提醒。

2.5　夜行与空间

在沙漠里，天黑得很早。几英里内都没有人工照明。

---

[1] "dead ringers"一词更准确的是来源于赛马运动中一种古老的欺诈做法，意指"完全重复"，这促使人们在夜间经验的组合中加入另一个概念性人物：骑士之夜。——原注

"完全重复"源于19世纪的赛马俚语，指"以假名和假血统"呈现的马。——译者注

但你已经不在沙漠里了，还记得吗?[1]

为了理解我们第二种类型夜行者的空间运动性（spatial dynamics），我们必须仔细盘点电影制片人的作品中的建筑学特征，特别是（作为殖民地的无限性的）沙漠和（作为不怀好意的反思的）黑暗之间的持续振荡。

（1）沙漠（地平线）。影片的第一个画面是一个怪异的镜头，几辆星际拖车并排停在某个边疆的荒野上，每一辆都逐渐盘旋然后离开红沙。他们的出走转变为飞行（exodus-into-flight），让我们回到了简单的焦土地形，衬托出光线昏暗的天空，这使我们认识到我们初步的空间检查点是一个被占领的地平线（它被云层渗透，雾气在遥不可及的山脊弥漫开）。接下来的所有图像都将是恰到好处地水平的（horizontal），也就是说，在征服和维护领土权的强迫性的水平状态（compulsive horizontality）中，是地图绘制者的纬度网，以及帝国主义者朝向普遍性和创造世界的驱动力。

（2）黑暗（上锁的房间）。然后我们被传送到其他地方，进入一个封闭的暗室，在那里，我们的叙事者（叛军领袖）以她平静

---

[1]　Larissa Sansour and Soren Lind, *In the Future*, *They Ate From the Finest Porcelain* (film, 2016) . http: //www. larissasansour. com/Future. html.

的、坚实的步伐走向观察者的视野。这个空间紧闭，形成了一个回音室；周围的黑暗形成了一个紧密的空灵边界，迫使她以线性的、聚光灯下的标准步伐行走。她自己也是一个戴着白色兜帽的形象，直到她抬起眼睛与我们对视，这是一次与面部或凝视的空点的相遇（hollow-point encounter），而她拥有知觉上的优势。她轻而易举地赢得了对视：因为她明白她为什么要来，而我们却一无所知；此外，她心知肚明该站在哪一边，她选择了立场和归属，而我们仍然对我们在这个叙事中的立场一无所知：我们到底是同谋、阴谋者、叛徒、盟友还是对手？

（3）沙漠（绿洲）。 我们瞬间转入一个绿洲的记忆或照片，中间是两个身着传统阿拉伯服装的年轻女孩；她们的右边是两个盘腿坐在地上的大胡子游牧男人；她们的左边是三个西方定居者的暗影（gray-tinged specters）。当镜头接近两个女孩，并给出她们的面部特写时，她们的长袍（kaftans）变得越来越深红，然后变成靛蓝色；每个人都深深地吸了口气，略带惊讶地睁开眼睛，仿佛从梦中被震颤而醒，或者直接复活。亡灵之触：她们不自在地环顾四周，感知着这个曾经熟悉的环境的完全陌生化（defamiliarization），惊奇地意识到她们的家不再属于她们。与此相辅相成的是后来的画面：戴着头罩的反叛者（估计是之前的年轻人之一）现在站在同一个地方，在一个巨大的洞前拿着一把铲子，周围是穿着制服的殖民地官员

（他们的武器横在肩上），本地男人和青少年从此被从现场驱逐。这是她妹妹的坟墓，还是一个挖掘现场？是为了隐藏被连带损坏的尸体，还是为了获得有价值的资源？无论是哪种方式，它现在成了充斥着背叛的空间。

（4）黑暗（盐桌；临终之榻[1]）。 我们回到暗室，它以某种方式在对封闭的恐惧——幽闭恐惧症的情绪场景（claustrophobic moodscapes）和对封闭的热爱——幽闭狂热症的情绪场景（claustro-maniacal moodscapes）之间游走。因为虽然精神分析师的访谈被证明是艰苦的，但它也照亮了摆在游戏对手面前的更广泛的僵局：不，我们好战的主角没有被击垮、被挑战，或被胁迫进行忏悔投降；相反，她的答案带着深不可测的、琐碎解释的气息向前漂移（对方永远不会理解这个答案）。仿佛是为了对这种琐碎进行准确的现象性的展现，我们随后会发现一个反复出现的画面：盐堆像按比例缩小的、微型的山丘被撒落在桌子上。起义者戴着兜帽，将自己悬置于脆弱的颗粒状结构之上，后来才确认桌子上的盐堆实际上是由一种微妙的织物组成的；她躺在下面，身上披着该地区死者的精致亚麻布，这提醒我们，只有儿童或动物才会在睡眠或死亡时进行模仿。因此，精神分析学家正确地观察到："你在谈论被埋葬，这

---

[1] Deathbed 原有"临终""病榻"的含义，这里并不强调"病"，故译为"临终之榻"。

是你的自我虚构的一部分。"她回应说："对。我经常想象自己在临终之榻上披着布条……成为我自己的文明的'都灵裹尸布'。"[1]因此，盐桌的空间成为临终之榻的空间。

（5）沙漠（长者；雨水；高塔）。此后，有几个巨大沙漠景观的刺眼画面在相继中推进，其中两个属于相似的类别：第一个是拿着烟斗、戴着头饰的老年部落妇女，她向外凝视，围绕在她周围的缕缕烟雾哀伤地吹过；第二个是长着白胡子、戴着头巾、身着栗色长袍的老年部落男子，他朝向摄像头窥探，身边被帐篷和空降炸弹包围。他们都是长者，是那些被遗弃和被蹂躏的空间的牺牲品，现在被谴责为民族志[2]的门面[3]（群体间的冷酷无情的照片）。两人都拥有一种近乎圣人般的镇定，意识到降临在他们的种族身上的灾难（"万籁俱寂之时，我们又一次不复存在"）。

下一个画面是我们的戴着兜帽的反叛者站在一片空地上，空中

---

[1] Larissa Sansour and Soren Lind, *In the Future, They Ate From the Finest Porcelain* (film, 2016). http://www.larissasansour.com/Future.html.——原注

　　都灵裹尸布是一块印有男性脸部面容及全身正反两面痕迹的麻布，尺寸约长4.4米、宽1.1米，保存在意大利都灵主教座堂的萨伏伊王室皇家礼拜堂内，传说为当时包裹耶稣尸体的麻布。——译者注

[2] 民族学是对人民和文化的系统研究，旨在探索文化现象，从研究对象的角度观察社会。民族志是一种以图形和文字来表示一个群体的文化的手段。——译者注

[3] Façade 是一个法语词，字面意思是"正面"或"脸"，英语里指一个门面或立面，特指建筑物的一个外部侧面，通常是正面，这里其实是作为民族志的标志图像的意思。——译者注

瓷器碎片纷纷下落,她为此构思了以下的宣言:"有时我梦见瓷器从天而降,像一场陶瓷雨。起初,只有几块碎片,像秋天的木叶一样缓缓地落下。我身在其中,静默地欣赏着它。但后来瓷器体量增加,就成了瓷器季风,宛如《圣经》中的瘟疫。"[1] 陶瓷雨的微粒有一种原初的愉悦,一种温和的狂喜潜力,然后走得太远(进入天体干扰),成为一种难以忍受的固体洪流,使得空间变得尖锐、粗糙、零散。反叛者用自己的身体来抵御那袭来的倾盆大雨,紧紧抓住耳朵和头,却无法阻挡破碎的声音攻击。这就是(在此作为空间的典范的)**势不可当者**(the Unstoppable)的情感拼接。

最后,在这个序列中有个迷人的画面,散落着数不清的贝壳、板块和石头。当镜头向天空移动时,我们看到分形的路径通向远方城市的剪影,上面有参差不齐的塔楼和尖顶。事实上,新的大都市将蹂躏所有过去的世界,促使我们去对它的至关重要的回响进行猜测。先前对文明一无所知的野蛮人(savage)现在会不会变成作为文明的克星的另一种野蛮人(barbarian)?从今以后,孤独的空间转变为战斗的空间。

(6)黑暗(洞穴)。这是对于无法修补的事物的恐怖的地窖。在这里,我们观看了戴着兜帽的反叛者反复出现的噩梦:她站在一

---

[1] Larissa Sansour and Soren Lind, *In the Future, They Ate From the Finest Porcelain* (film, 2016). http://www.larissasansour.com/Future.html.

个大而深邃的洞穴上方，发现她的妹妹蜷缩在洞穴底部，将膝盖紧紧地抱在胸前，在圆筒状通道的重压下颤抖着（这种重压来自虚无的密度）。但这并不是恐怖的真正来源；是空虚的精神错乱带来了压倒性的惊恐，因为她什么都不记得了。这个洞穴正是儿童的记忆缺失的小岛，在这里，遗忘本身具有黏稠的物质性："她认不出我。她无法与未来沟通。"[1] 这里的空间是遗忘的魔咒。

（7）沙漠（马戏表演；反宴会）。最后两幅关于我们的沙漠画面本身就是视觉终结性的例子。在第一个画面上，一座摩天轮在茫茫人海中缓缓转动，一个售票亭随意地驻扎在它的旁边；它是一驾全体的南辕北辙的马车（the carriage of a universal miscarriage），是循环的湮灭（cyclical annihilation）和湮灭的循环（annihilative cyclicality）之座驾。黄昏，荒芜，干旱和孤独的马戏表演的娱乐——这样一个类似于世界末日的农神节[2]，这种为时过晚的空间性，是万物终结前最后的游戏和欢乐。

第二个画面是影片本身的实际结尾画面：它描绘了一个显而易见的对最后的晚餐的模仿，现在我们有着圣徒姿态的反叛者，她的两侧坐着的是传教士和殖民统治者。但是，这幅画像在这里意味着

---

[1] Larissa Sansour and Soren Lind, *In the Future*, *They Ate From the Finest Porcelain* (film, 2016). http：//www. larissasansour.com/Future. html.

[2] 农神节，古罗马的节日，在12月，为了纪念农业之神撒梯，因其节日上的纵情狂欢而闻名。——译者注

什么？与其说它是耶稣受难前在门徒之间的纪念仪式，不如说它是殉道者对抗敌人的玷污的象征。反叛者的意思是要（活生生地）吞噬这些世界历史上的突袭者，还是要（通过遍及整个空间的污染来）折磨他们的物种？圣杯和白色托盘上除了一些难以分辨的水滴和切片（血，抑或是肉）之外，大多是空的。无论哪种方式，反宴席都无误地传递了它的报复性信息：这种反响将在他们的静脉中永远停留［最后的速度学阶段（final dromological phase）：静脉注射］，进入血液循环，唯独少了救赎的意图；也许相反，反叛者的牺牲将形成腐蚀肝脏的酒精或腐蚀脾脏的酸性胆汁。这是叛乱之夜；毒性的空间，第五纵队的诡计，刺客的动机。[1]

3. 尾声：夜行与最后的运动

在娱乐领域，"快乐"和"痛苦的释放"之间的分界线越来越模糊，这个分界线在集体复仇的领域也同样模糊。很难说二者之一会在哪儿结束，而另一个从哪儿开始，或者它们是否真的形成了一个再生的循环，融合了欢欣、怨恨和非人意志的消失。一边是醉醺醺的夜行者，他们参与俱乐部每周一次的表演赛、开销和精力旺盛的挥霍仪式。在来自大地中心的节奏中，他们的动作是甩动的身体

---

[1] 这里的意思是，极权主义制度对某些（反祸害的）图像、故事和谣言的不易察觉的旅行保持最佳的预防状态……特别是那些夜间交易。

和伪狂欢（pseudo-orgiastic）的重叠。另一边是疲劳和孤僻的夜行者——那些生活在长期战争的沙丘上的人，他们在暴乱、煽动、破坏和叛国的精心练习中约束自己。他们的动作是一种宿命式的缓慢、沉思式的洗牌或静止式的瘫痪，然后是狡猾的颠覆。醉汉的舞蹈显示了过度中的虚无（the nothingness in excess）；叛乱者的突袭证明了虚无中的过度（the excess in nothingness）。前者将其贫困隐藏在悦耳的声音［the euphonious（flagrant sound）］和精致的光线［the diaphanous（flagrant light）］的剧场展示中；后者将其丰富的生命力隐藏在沉默的、长时间停顿的、狭小的刑场或被烧毁的村庄中。一个是佯装图形化的扭动；另一个是佯装可怕的不动声色。但这两类人都是夜行者中的专业表演家；他们都需要深深地融入夜色和黑暗的力量中，以便安全地穿越黑夜；他们都产生了底层的恍惚，在这样的时空里，魅力（enchantment）和祛魅（disenchantment）坠入天衣无缝的暴发性之中。

概念图（反未来之夜；暗夜的时空）

时间 1

非世界性的时间（入口、出口）

印象主义的时间（衰落、毁灭）

灾难性的时间（幽灵、幸存者）

时间 1.5

革命的时间（失败）

妄想的时间（替罪羊）

恐怖的时间（嵌合体）

空间 1

（房间）（楼梯）（屋顶）（停车场）（坟墓）（靶子）

空间 1.5

沙漠

（地平线）（绿洲）（长者）（雨水）（高塔）（马戏表演）（反宴会）

黑暗

（上锁的房间）（盐桌）（临终之榻）（黑洞）

运动 1

（兴奋）（陶醉）（支出）（舞蹈）（扭动）（仪式）

运动 1.5

（怨恨）（疲劳）（孤僻）（缓慢）（瘫痪）（颠覆）

《 "B018" 夜之俱乐部》

建筑师：贝纳德·库利；黎巴嫩，贝鲁特；建于 1998 年。照片由耶娃·绍达尔加特拍摄

《在未来,他们曾以最上等的瓷器就餐》

电影,29 分钟,拉里萨·桑苏尔和瑟伦·林德,2016 年

第二章

非实存之夜（暗夜的人物）

长者之夜；眠者之夜；女士之夜[1]

> 一个年纪轻轻就因癌症死亡的歌女，在难眠的夜里吟了这
> 么一首歌："黑夜给我准备的，是蟾蜍，黑犬和溺死者。"
>
> ——川端康成《睡美人》[2]

非实存之夜是失落的夜晚、被遗忘的夜晚或本不应该发生的夜晚的反原型（anti-archetype）。没有其他人知道后来发生了什么；当无人注视之时，他们永远也无法学会黑暗天堂里的既成之事。因为在时间、身份和判断之外，非实存之夜是一种无法解释的情绪，通过它，某些人物或生灵现实化了自己的隐匿（actualize their disappearance）……无论是转瞬即逝的，还是永恒不变的。

叙事前提：在深夜里，一位 67 岁老人踱步在东京街道上，要去入住一家无名的旅馆，那里有熟睡着的年轻女子，而他可以躺在她们身边。这些女子被注射了一种莫名的药物，并被安置在房间

---

[1] 本章最初以同名文章发表于 *Journal of Comparative and Continental Philosophy*, Taylor & Francis, Special Issue, Soundproof Room, ed. Jason Mohaghegh, 2019。
[2] Yasunari Kawabata, *House of the Sleeping Beauties and Other Stories*, trans. E. Seidensticker, Tokyo: Kodansha International, 1969, p. 16. （按照中国读者的习惯，正文和以下引文简称该书为《睡美人》，本书在后文出现只标明中文名及引用页码。——译者注）

里。在那里，老人脱下衣服，静静地躺在她们旁边的床上，睡上一夜。

这个场景选自川端康成（Yasunari Kawabata）的短篇小说《睡美人》，这是一个极简主义的故事，它的主人公是一个没有远大志向的老人，他只想在昏睡的女性伴侣旁边安歇时安然地离开这个世界。他们一起进入沉睡，而这种沉睡却无法被接纳：因为在这个简单的合作之外，等待着一个由主体、客体、气氛、同伙和身体部位组成的珍奇柜或潘多拉的盒子。它们需要一张概念地图来安置其复杂的内涵，即一张非实存的夜晚的地图。

但请不要误解：乍一看，这是一篇令人深恶痛绝的文章，带有施虐狂、父权制权威的色彩，甚至还有将活生生的主体压榨成没有灵魂的自动装置的法西斯主义思想。但是，《睡美人》也让这种批判陷入困境，因为它把一切都拉进迷宫，这个迷宫的终点不是种族灭绝（genocidal），而是本体灭绝（ontocidal）　[本体灭绝是对存在（Being）的毁灭，既是对个体的存在，也是对普遍的存在]。因此，在这些与快速入睡者的争吵中，我们发现了一种新的他性（alterity）。这个行为并不是什么"邪恶的事情"（nefarious，意思是"违背神的律法"，与拉丁语或希腊语词根"我说"或"说"有关），因为这里的人物自始至终缄默不言，因此与任何神圣的语言都毫不相干。相反，老人和他的无意识的名妓是同谋，她是对他的拒绝；他也是对她的拒绝。他从她闭着的眼睛里发现了他自己反面的精粹。他们是彼此的失常，并按照彼此的否定性要求行动。一半是亡魂；一半是碎屑。

老人

1. 观察者（距离、魅力）

　　她的额头映入他的眼帘。他闭上了眼睛，紧紧闭上。

　　闭上眼睛后，一连串无穷无尽的幻影浮上脑海，而又消失不见。不一会儿，它们开始呈现出某种形状。几支金箭飞近，随即飞过。它们的顶端生长着深紫色的风信子，尾部长着各色的兰花。[1]

　　我们从**老人**开始：与他相符的第一个类型是**观察者**。他被一种低强度的冲动所支配，凝视着处于休眠状态的睡美人。因此，他是一个可以与距离和温顺魅力的概念相关联的人物。

　　从他走进这座陌生房子的第一步，**老人**就表现出了试探性；他

---

[1]　川端康成：《睡美人》，第69页。

和旅店的老板娘最初的交流十分简短，措辞紧张；他几乎不说话，只是在回答时确认自己对基本准则的理解，同时避免直视对方。**观察者**的第一个悖论：想要学会凝视，首先要学会避开世界对自己的凝视（**观察者**是从未被观察的）。

　　老板娘把他带进了第一个睡美人的卧室前面的过渡客厅，这时他立刻警觉起来，注意着周围的每一个小物件：绣在**老板娘**传统长袍上的飞鸟形状的装饰；外面的风声和海浪撞击附近悬崖的声音；将他和那年轻女子的秘密卧室隔开的那种特殊种类的木料。这里有最大的光学精度和现象性的协调：他能感觉到温暖；他可以倾听到天气的动静；他也可以注意到物品的精心摆放。但他并不去征服，他只是研究。**观察者**的第二个悖论：吞噬他人形式的（这里是指视觉形式）超主体的（hyper-subjective）冲动开始于一种对于事物的客观世界的增强的感知能力（an enhanced sensitivity）（**观察者**对除了自己以外的一切事物都有意识）。

　　然后**老板娘**让**老人**一个人待着，并把隔壁房间的钥匙交给他，在那里，这种罕见的放纵幻想在一个又一个非实存的夜晚上演着。接下来的时刻对于巩固这种窥探的意识阶段至关重要：因为**老人**停下脚步，在这一次宝贵的犹豫中，他发现了沉浸式体验的正确架构。让我们跟随他的基本步伐：首先他坐了下来，点了一根烟，但基本没怎么抽，再点一支，这次抽完了，背了一行病态的诗句，沉浸在房间的空乏中与微弱的哲学沉思里，最后，他臆想着屏风另一边的睡美人的潜在丑态。停顿、仪式性的点燃和熄灭、吸入外来物质、哲学—诗学模式的参与，以及对即将发生的事件的先发制人的设想，都以其最强烈和最怪诞的形态实现。**观察者**的第三个悖论：欲望的狂喜程度不是发生在进程的完成之时，而是发生在未完成之前的预期梯度中，极端的好奇心激发人们去穿越现实，从近距离去描绘整个潜在的领域（观察者在进入他面前的实际房间之前想象的所有可能性）。

老人迅速爬到被子下面，开始专注地盯着第一个睡美人呈现给他的身体特征，尽管对他来说，对身体的解剖学细节进行一丝不苟的清点编目仅仅是一项显而易见的任务，但在它背后聚集着一种更隐蔽的力量。不，那些奇特之处（她伸出的手腕、她未上妆的眉毛甚至睫毛、她年轻的下颌轮廓）不仅仅是对观察者最终的转化性的胜利（transformative victory）起到催化剂或传染剂的作用：实际上，这是外部俘虏对象的幻觉性输入。因此，她的神秘化的呈现唤起了思想和想象这两个毗连的内在领域的神秘化，以至于**老人**可以闭上眼睛去目睹五彩斑斓的箭穿过黑色的内在空间或宇宙空间。我们在这里所追求的，是对知觉本身的扭转（twist），是一种建立在敬畏之上的柔术（contortion-onto-awe），以及一种简单却又无法量化其程度的娴熟技巧。因为那些能把自己训练出包罗万象的魅力的人，几乎可以使任何一种微小而转瞬即逝的形式（passing form）产生难以捉摸的、类似药物般的效果。**观察者**的第四个悖论：对外部世界的凝视就像一面哈哈镜，在内心世界激起令人不安的形状，将**观察者**眼皮之外和眼皮之下发生的一切，以一种荒谬的奇迹之舞的形式组合在一起（**观察者**掌握着内在的变更状态的钥匙）。

2. 离经叛道者（违反规则、游戏）

> 他还不是一个被信任的客人。如果他通过对所有来到这里的被愚弄和被侮辱的老人们的报复，来违反这座旅店的规则，那会怎样呢?[1]

老人不可能永远保持**观察者**的身份，因此逐渐蜕变为第二个类型——**离经叛道者**，在睡美人身边，他设想着那些细微的令人愉快的侵犯行为，在他的时间中自娱自乐。因此，他是一个与侵犯和游戏的概念相关联的人物。

离经叛道者在这里有三个层次的行为，其中第一个层次展现出孩子似的做法。他想尝试愚蠢的滑稽动作和轻浮的无礼行为，如将

---

[1]　川端康成:《睡美人》，第39页。

手指放在鼻孔里或弹动对方的牙齿。这些只不过是温和自然的冒险尝试，相比可敬的有序文化，这种做法有些许轻微的偏离，总是以短暂的、很少有颠覆性的反成规行为（against codified behavior）的动作体现出来。在**老人**舍弃合法的行为（习俗）而选择浅薄的姿态（突发奇想）时，在该转换中也有一些重要的东西。**离经叛道者**的第一个认识是：破坏游戏规则意味着承认实存（existence）仅仅是游戏，而实存中的各个方面都是游戏的碎片（离经叛道是一种对欺骗的在行）。

离经叛道者的第二层行为是关于爱欲的做法，事实上，老人的心灵坚持回到旅店规则的最高门槛：停止性强加。这就是这个特殊的夜之花园的禁果，是愤怒的声讨和**老人**不断违抗的意志的来源（尽管他从未越过其界限）。相反，他对规则脆弱性的强迫性固定足以打破某些（关于实在的）咒语，同时宣判了（旅店中的）其他人，其潜力足以结合以下两种人物的经验：（1）悬崖行走者所经历的存在性的自由；（2）古代神话中食莲者所经历的麻醉的冷漠。第一个（悬崖边缘的）人物认识到，没有任何干预的权力结构可以阻止一个人迈向纯粹的自由落体，当然（在无阻碍的情况下）如果他愿意的话；第二个（岛屿的）人物越来越对始终想要逃离的愿望漠不关心，没有更大的愿望，他只想留在原地（漫不经心的人）。因此，爱欲的能力同时融合了令人眩晕的活力和麻痹的幸福，这就是为什么**老人**经常辗转反侧几个小时而没有真正离开床。他是受到纵容的人，也是落入陷阱的人：我们小说中的演员的内部圈子在驱逐和禁言之间实现了完美的节奏。爱神现在是一个以权谋私者（influence-peddler），他恰恰是通过把人拴在世外桃源的诱惑上，从而把人从世界的压迫中解救出来。睡美人缓慢扭动的身体就像地球另一边的时钟里的弹簧一样发挥作用，它们有的上了发条，有的已经松弛。老人得到了解放（没有什么能把他从这个地方拖走）；而老人又无能为力（他不能把自己从这个地方拉走）。**离经叛道者**的第二个认识是：最终的欲望在反叛精神和自鸣得意之间形成了一个适应性的联合体（离经叛道是一种叛乱的遗忘）。

　　离经叛道者第三个层次变异为吸血鬼式的做法，进入了一种非道德的输血逻辑，至少带来了越轨行为本身的结局。这里不再有一种危如累卵的抽象道德边界，而只是一种（在咬牙切齿中）抢夺青春和换回永恒的发自肺腑的紧迫感。请注意，与这桩交易对等的双重束缚是由一个共有的咬痕所形成的：首先老人吸收了睡美人的生命力；然后他把持久的平静注入她的血管。是的，睡美人本身也是一种无与伦比的替代物的容器，获得了远超其年龄的经验丰富的智慧、教诲和敏感度。这就是她们加入精英血统的方式。那些永恒的和即将到来的东西，是反常者、离经叛道者和拥有非同寻常的品味者所传达的最后纽带。**离经叛道者**的第三个认识是：这种对（有限

的和永恒的）双重生命的穿透性输血形成了一种循环之流，一方面
为一个被取缔的、掠夺性的、总是处于永不干涸（thirstlessness）
的边缘的种族赢得了永久的生命，另一方面为一群被选中的、总是
处于忽视或出现的边缘的夜间情妇赢得了命运（离经叛道是一种交
互的共生关系）。

3. 军阀（残忍、愤怒）

> 她可能不会继续沉睡，如果，比如说，他几乎要把她的胳
> 膊砍下来，或者在她的胸部或腹部捅一刀。
> "你真堕落"，他喃喃自语。
> 他心中升起暴行的念头：毁掉这所房子，也毁掉他自己的
> 生活……[1]

后来，我们发现**老人**戴着他的第三个面具——**军阀**，设计残暴
的行为，并考虑闷死、放血和毒死睡美人的策略。因此，他是一个
与残忍和愤怒的概念相关联的人物。

这种**军阀**心态的手段表现为：扼杀、截断、切开。一个软弱的

---

[1] 川端康成：《睡美人》，第78页。

人就是这样鼓励自己成为**蓄谋已久之人**（the Deliberate One）的，首先把所有的行动看作对形式的夷平、解剖、毁坏或拆卸的前奏。在这方面，他们是通过恶意手段达到的无形式（formlessness）的典范。他们使战争恢复其最基本的姿势，它不受意识形态辩护理由的修饰，即打破世界。这是与建设世界的帝国主义者相对立的：因为帝国追求的是绝对的统一，而**军阀**追求的是创造一个日益分崩离析的地图——无休止的分裂边界，分界线像收缩的蜘蛛脉一样横跨羊皮纸。睡美人的肉体不过是选定的战场，通过它，分裂的地图得以确立，迫使我们重新认识她们，不把她们当作纯粹的受害者，而是当作纯粹的武器或（空间破碎的）舞台。

不要注意整个身体表面上的不作为；相反，要注意耳朵后面和头皮（头发下面）的悸动的微撕裂伤和微穿刺伤。这不是哑剧，这些睡美人们也不是无用的空壳；相反，**军阀**正在执行一项异教徒的任务，寻找一些无价之宝，即能够真正杀死他的人，而且是在他最美好的夜晚。因此，他的剑拔弩张是为了唤醒和激怒不同的女人，让她们苏醒过来，给予其致命的打击，从而签订一份杀气腾腾的契约。这是一种互相关联的恶意；是一种轮流作恶；也是一种家族式的恶。他渴望自己的克星；他敢于让真正的敌人逃脱睡眠的魔掌，让她们年轻的白指甲陷进他的（带来最终结果的）毁灭中。

4. 垂死者（意外事件、屈服）

啊！围绕着秘密房间的窗帘似乎是血的颜色。他紧闭双眼，但那红色不会消失……他的良知和理智都麻木了，眼角似乎有泪水。[1]

因此，**老人**成了第四个范式——**垂死者**，他认识到自己的生命即将终结，并想知道在这个遥远旅馆度过的每一个夜晚是否会成为他的最后一个夜晚。因此，他是一个与意外事件（eventuality）和屈服的概念相关联的人物。

垂死者的思想给予他一个有趣的暂停期：他的心灵吟咏着卑微；他的心灵成为一个倾斜的妥协者；他的心灵开始了对脱皮的邪恶研究。通过这种方式，垂死者把睡美人们引向了集体唯我论（collective solipsism）的弊病中（每次只有两三个人参与到另一种情况下的孤独的、自我包含的世界中）。她们和他一起加入了过时的和不合时宜的行为中；她们成为平等的解脱者候选人，她们的身体也被展现为接收卫星或婚姻的排水站。不过，这到底是出于什么

---

[1] 川端康成：《睡美人》，第 95 页。

目的呢？

垂死者是某种悲伤的行动者，在每一个夜晚的遭遇中磨炼出变幻莫测而又令人失望的轮廓线。但这些轻微的痛苦既不是悲剧，也不是忧郁，因为这两者对于这个被忽视的小旅店、这个狭窄的房间、这张逼仄的床来说，都证明了话语的无边无际。相反，在这里，老人们向一个微不足道的死亡致敬，这样的死亡只是一种被某人抛弃的蹒跚的离世，而年轻的睡美人们（无论其外表如何）不是被卖掉的物品，而是大师级的买手或交易商，她们通过年长床伴的整夜死亡有效地逃避了她们自己的一次性死亡。老人们是迷失在时间中的怪人，因此将睡美人们引入了一种黑马的时间性（百万分之一的可能性）；她们代表公平之人付出有朽的代价，允许她们永远跳出她们的轮回（没有昨天或明天的重演）。这是一场精妙的交易：交易的一方投降于慢性灭亡（chronic perishing），而另一方获得了永生不灭性（从而跨越**时间**[1]）。在这里，所有人都是敲诈勒索者。[2]

---

[1]　作者在这里使用的不是 time 而是 *chronos*，源于希腊语中的 Χρόνος（时间）一词。——译者注

[2]　请注意，这种交易逻辑只维持到契约被一个老人的实际死亡所打破的时刻，为此，第二天晚上，一个睡美人也必须实际地死亡。

睡美人

现在让我们来看看这些睡美人本身。虽然她们经常被误认为是绝对被动的玩偶，但事实上，她们对每一个触摸、声音和气温都有感觉反应。她们不仅不是毫无反应，反而在她们苍白的肢体和年长的来访者之间，还形成了热情、协同甚至是仿生学的高效传导通道。因此，我们必须敢于提出一种寓于这些几乎没有生命的实体之中的无意识的亲密（unconscious intimacy）的理论，因为每个睡美人都散发着她自己强大的魅力（potent effects）。

要正确解读睡美人，需要对最麻木的、闲散的、呆滞的、无精打采的或冷若冰霜的、无感觉的（insensate）、无知觉的（insentient）形式具有敏感性（sensitivity）。这需要一种能力来解读最细微的斑点和色调，解读睡眠中的运动那不可思议的微妙性。睡美人们并不是真正的石化；她们是戏剧性的，就像那些滴水兽的石像（gargoyles）[1] 一样，其根本的、令人生畏的潜能被封印在可怕的纹丝不动之中。是的，睡美人是半冻僵的威严人物，她们把自己的

---

[1] 在建筑学中，gargoyles 是一种雕刻或成型的怪兽，它有一个喷水口，可以将水从屋顶输送到建筑物的侧面，从而防止雨水顺着砖石墙流下，侵蚀其间的砂浆。——译者注

床变成了游戏桌和安全屋；她们在极强的隐蔽性之下进行幻想中的武装劫掠；她们使用自己的乳酸和血腥的液体，如同使用非法物质的魔药；她们监督黄昏的（民用的、航海的、天文的）三个阶段；她们同时诱发思考恐惧症（对思考的畏惧）和思考狂热症（对思考的狂喜）；她们让所有新来者羡慕不已，并承诺没有乌托邦，而只有暗视（夜视）。

1. 向导（入口、开始）

尽管这个在睡梦中迷失的姑娘没有结束她的生命时光，但她真的没有失去生命，让生命沉入无底的深渊吗？……不，不是玩具；对老人来说，她可能是生命本身。这样的生命，也许是可以放心触摸的生命……当他的手从她的脖子上拿开时，他就像处理一个易碎品一样谨慎。[1]

第一个睡美人是个**向导**，因为她谨慎地把**老人**引到平和的、无意识的褶皱中，并让他了解死亡般的旅居方式。因此，她是一个与入口和开始概念相关联的人物。

---

[1]　川端康成：《睡美人》，第 **20—23** 页。

向导必须向客人灌输单一主神论或一神崇拜（对单一神灵的崇拜，但承认其他神灵的潜在存在可能）的感知秩序（theo-perceptual order）。因为这就是每晚在内室发生的事情：**老人**臣服于一个与众不同的专属崇拜对象，同时牢记徘徊在周围的其他睡美人的持续在场。因此，**向导**把老人带入了一个神秘的女性王国，在那里，忠诚度会发生变化，痴迷会在不同的转折点从一个面孔转向另一个。此外，我们得到了一个秘密的时间交易的暗示，据此，时间"沉入无底的深渊"（"sink into bottomless depths"），迫使我们去权衡对时间的思考的意蕴，时间不是渐进线性的，而是垂直的，倘若任何基础的立场或立足点不复存在的话，时间甚至是超越垂直性的。一旦进深被向下无限化（下降的永恒性），不留下任何边界，而只留下永久的潜水、翻腾、跌落的状态，进深是否会成为一种现象学上的别的什么东西（phenomenological something-else）？

除此之外，**向导**还必须把她自己的肉体框架作为所有生物的脆弱性的象征（"一个易碎品"）。触摸使**老人**能够掌握"手的暴力"这一概念，并认识到我们的存在的纯粹颤抖的脆弱性是如何超越任何统治性的控制、主权、个体主义或同意的话语。这种对于无感受性（insusceptibility）的温柔的、深情的偷窃，使人类裸露在实存的神性之爱的摇篮或床垫上（agape cradle/mattress of existence）；这种彻底的敞开或不幸，矛盾地将"信心"赋予她最新的开启者。

2. 女巫（魔法、诱惑）

　　现在，她的脸转向他，因离他太近，她的脸在那双苍老眼睛里成了一片模糊的白；但是她如此浓密的眉毛，投下深深阴影的睫毛，饱满的眼皮和脸颊，以及长长的脖颈，都印证了他对于女巫的初步印象。[1]

　　第二个睡美人是**女巫**，因为她身上的某些东西引起了人们对诡计、邪恶和来世的怀疑。因此，她是一个与魔法和诱惑概念相关联的人物。

　　女巫的身体是一本魔法书，一本关于魔法物体、魔法存在和魔法实践的说明书；她的呼吸方式本身就是召唤。（也许是一种对于隐匿的灵魂或非灵性的事物召唤？）这种身份的第一个迹象呈现于上文的段落中，因为文中把她描述成一种近乎昏迷的力量，也就是说，她"离得太近"，但又包裹在"模糊的白"的轮廓中，以至于我们难以识别、明辨或分类（这一切就如奇幻的纺锤一般）。她偷偷地溜进最近的地方而不被察觉，这唤醒了一个长期存在的主题，

---

[1]　川端康成：《睡美人》，第43页。

通过这个主题，（对于运动、理性、命名的）不可感知性（imper-ceptibiity）始终与恶的行为联系在一起。她还被赋予了怪物的真正标志——生理的过度，通过这种标志，身体特征变异得夸张和惊人，呈现出极端的怪异性（如吸血鬼的尖牙、老太婆的指甲、狼人的毛发）。因此，比例或附属物的大量增厚、变暗、填充以及拉长，这些特征明确无误地指向一种生命进程，通过这个进程，曾经正常的特征变得病态性异常（pathological abnormality）。外表的每一个反常都可能恶化，这些迹象表明该生灵具有长期（内在和外在）毁容的能力，并通过这种能力，一个简单的经验就可以将伤害与恶化联系起来：我们所需要的就是离得稍微远一点来看待事物，进而（使得）整个过去的定义的世界变得分崩离析。

3. 无辜者（怀疑、操纵）

  这个小姑娘有一张幼嫩的小脸。她的头发凌乱蓬松，似乎一根辫子被解开，披在一侧的脸颊上，她的手掌放在另一侧脸颊上，一直垂到嘴边。所以，也许她的脸比看上去的甚至更小，她像个孩子一样熟睡着。[1]

---

[1]　川端康成：《睡美人》，第58页。

第三个睡美人是**无辜者**，因为我们在她住进旅馆的第一夜见到了她，读出了她走进这个新身份所带着的疑虑和谨慎的念头。因此，她是一个和怀疑与操纵概念相关联的人物。

无辜者是对一种刻薄的与生俱来的权利（a mordant birthright）的暗讽；她随心延展的四肢和"凌乱蓬松的"几缕头发本身就是对我们种族中第一批人的表演性模仿，即那些刚刚生成意识的始祖们，他们在广袤的纯粹存在物之下颤抖和畏缩。她让我们想起了人类始于纯粹的恐惧中的巨大羞耻。她的恐惧就是我们的祖先的原始恐惧。但**无辜者**对一切持有怀疑，这也是她操纵天赋的保证，因为她能够以某种方式看起来比她的现实性"甚至更小"，从而能够策略性地模拟婴儿期，或向无穷小收缩。这和**女巫**的臭名昭著完全相反，**女巫**通过过度生产获得令人厌恶的费解；而**无辜者**拥有的是一种更加柔和的天赋，一种毫无戒心者的天赋，她通过缩小赢得了令人着迷的清晰性。她精通天真无害的（"稚子般的"）矫揉造作，她让自己的胳膊和腿在娴静的混乱中旋转，从而让我们低估了那些微不足道的事物的危险。

4. 回忆者（图像、回归）

他闭着眼睛躺了一会儿，因为这个姑娘的气味异常强烈。

据说，嗅觉可以最快地唤起记忆；但这气味是不是太浓太甜了？……自古以来，老人们都想利用姑娘散发的气味作为唤醒青春的灵药。[1]

第四位睡美人是**回忆者**，因为她自己的举止让**老人**淹没在过去的记忆洪流中。因此，她是一个与图像和回归的概念相关联的人物。

回忆者的气味被描述为"灵药"（"elixir"）：来自阿拉伯语"*al-iksir*"和希腊语"*xerion*"，意思是"愈合伤口的粉末"。此外，这也是炼金术士青睐的概念，对他们来说，天才总是停留在扭曲的能力上（例如调制、逆转、消除的技术）。那么，确切的伤口是什么？我们的第四个睡美人参与的特殊变形又是什么？她"唤起"的各种场景是我们的第一条线索，它类似于召唤，甚至是伪装成回忆的魔法。因为我们始终无法保证这些真切地代表着她本人的记忆；更耐人寻味的是，这些回忆可能是别人的非个人影像（impersonal likenesses），这些人曾在旅店、邻里、城市甚至地球上反复出现。这些图像在**老人**的脑海中留下了自己的痕迹，具有一种亲密的陌生感。

---

[1] 川端康成：《睡美人》，第 76 页。

回忆者拥有这种对不相关事件的后见之明[1]，因为她似乎是过去事件的清道夫，管理着反复无常的事件；她是一个贮水池，留存着无数的遗失之物；她也许让她的床伴陷入困境，接待非本人的幽灵。那些剪影；那些妄想。不，我们不应该把这些泛滥的"记忆"误认为是**老人**的乡愁所产生的痕迹或困扰，因为它们传记性的准确性有待商榷，而是接受这种可怕的可能性，即在他自身之前、在他自身之后、超越他自身和外在于他自身（"来自远古时代"）的可能性。异己的经验片段；瞥见陌生人的夜晚，更接近于间歇性的直观，甚至是部分的全知（只要闭上眼睛就能看到别人生活的一部分）。

5. 做梦者（幻想、不安）

她也许在皱眉头，但也似乎在微笑……也许是因为在两个姑娘之间难以入睡，江口（Eguchi）[2]做了一连串的噩梦。这些梦之间没有任何联系，但都充斥着令人不安的爱欲。在最后一个噩梦中，他度完蜜月后回到家，发现像红色大丽花一样

---

[1] Hindsight，也是中文里常说的"事后诸葛"，是指在事件发生后，尽管在事件发生前几乎没有预测的客观依据，但仍倾向于认为事件是可以预测的。——译者注
[2] 《睡美人》的主人公，即"老人"。

的花朵正在盛放，挥之不去，几乎吞噬了房子。他想知道这是否是自己的家，他犹豫不决是否要进门。[1]

第五个睡美人是**做梦者**，因为她整夜在**老人**身边翻来覆去，对她心灵之中的臆想和噩梦念叨着一些让人无从理解的回应……从而也使老人陷入可怕的、纠结的梦境。因此，她是一个与幻想和不安的概念相关联的人物。

做梦者在这里让我们考虑一种更高版本的愿望实现理论（a more evolved theory of wish-fulfilment）：它超越了所有将梦与个人无意识（一个人不知道自己真正想要东西时的无意识）联系在一起的分析；相反，我们发现一种虹吸作用[2]的逻辑，以近乎心灵感应的方式从一个梦游的存在者输送到另一个梦游的存在者。它是严酷挑战，亦是穿针引线。这些红色的大丽花不一定是**老人**未实现的欲望的组合，而可能只是他的同伴的欲望的漏斗，落入他夜间休息的领域中。如果是她（首要的做梦者）让他做这样的梦呢？如果那些"几乎吞噬了房子"的疯狂生长的血色花朵是睡美人的暗示、散发或投射呢？因此，她在床上疯狂地翻来覆去是一种仪式性的幻觉，

---

[1] 川端康成:《睡美人》，第96页。
[2] 虹吸作用是指在两个装有液体的容器之间连接一根管子，利用液面高度差产生的液体压强和大气压强作用，使管内最高点液体在重力作用下往低位管口处移动的现象。——译者注

或类似输入—输出的机制，一种以某种方式将**老人**转化为那个"似乎在微笑"的女人的纯粹导管或容器（vessel/receptacle）。这个微笑是心照不宣的、邪恶的、狡黠的；这是一种强迫性平静（与非实在的共谋）的前奏。

6. **尸体**（畏惧、预言）

> 他正对着那个黑暗中的姑娘。她的身体很冷。他开始行动。她没有呼吸。他摸了摸她的胸口，发现没有心跳。他跳了起来，踉跄着跌倒。[1]

最后，第六个睡美人是**尸体**。因为在故事的最后，她真的在**老人**身边枯萎了，要么是恶毒的设计，要么是在几个小时前给她的药物意外过量。她呼出了最后一口气，在他的绝望中变得冰冷，成为他自己即将到来的命运的一面镜子（枯萎的图标）。因此，她是一个与畏惧和预言的概念相关联的人物。

在她实际上停止呼吸之前，**老人**已经对她产生了厌恶感（她在死亡之前就已经枯萎了）。她散发出一种令人难以忍受的恶臭；他

---

[1]　川端康成：《睡美人》，第 97 页。

在她身边扭动身体，避免接触。她既是预兆，又是攻击；她预示着即将到来的否定；她化身为颓废，把命运变成肉体，然后立即将其分解。

在这方面，**尸体**扮演了一个神谕的或预言性的角色；她促进了对即将到来的神秘的泄露，从而迫使**老人**在他最后的死亡（虚拟安乐死）之前面对某种死亡。这里有一种最鲜明秩序的反转：因为死亡通常来得太早，使得意识的把握滞后太多；然而，在这里，意识恰恰过早地意识到了并未推迟多久的纯粹的死亡（这是思想的余波）。不再有埋伏；现在只有已成定局但又悬而未决的死亡的紧张。

老板娘

除此之外，还有旅馆的**老板娘**，她是**保护者**、**指导者**和**隐瞒者**的典型。她同时承受着平静和不安，她是一个可以篡改某些热量、声音和良知的先知者；她通过把（自己内心）女仆般的谦逊和女王般的疏离统治的感觉结合起来，以保证这个地方的自在空灵；她在指定的时间管理指定的胶囊、注射和麻醉剂……然后等待。

1. 保护者（冷静、防御）

"完全不可能。"那个女人的脸色已经惨白，肩膀也很僵硬。"你真是太过分了。"[1]

老板娘的第一个职责是**保护者**（保护难以置信的标准），因此与冷静和防御的概念相关联。**老板娘**游离于故事的叙事中心的方式让我们可以发问，在轻描淡写的（在底层的，沉没的）形态中是否存在某种阳刚之气，在那些平庸的事物中是否存在某种英勇？她能做的并不是割断冒犯旅店招待之人的颈静脉，因为她独自制定了公平的交易规则，以"严格"的严肃态度宣布那些允许和不允许的（"太过分"的）行为。因此，**老板娘**是一个在最强硬意义上的制度的看守人，她设定边界，并组织所有的事件安排（她比事件本身更关键）：她掌握着密码、药片、服装和所有转场的支配逻辑。

---

[1] 川端康成：《睡美人》，第80页。

2. 指导者（建议、等级秩序）

　　　　旅店的老板娘警告老江口说，他不能做任何不雅的事情。他不能把手指伸进睡着的姑娘的嘴里，或尝试其他类似的事情。[1]

　　老板娘的第二个职责是**指导者**（传授神秘的原则），因此与建议和等级秩序的概念相关联。很简单，诱惑区的导师必须协商出一个困难的平衡：她必须仔细解释关闭之门和半开的潜能之门，同时给客人留下足够的想象空间，以免破坏事件的魅力。因此，**老人会**受到反复的"警告"，但在某种意义上，对某些可能性的限制竟然增强了对剩余的感觉、欲望和体验的预期。**老板娘**必须竖起墙体，保持神秘却可渗透，保持让人感到永恒的持续时间，将饥饿感悬挂在过于柔软的昏睡和麻醉的挂钩上。因此，她最有约束力的话语拥有使人信服的效果（穷途末路成了开口），在约束和创造力之间封住了一个摇摆的关联……同时提醒进入者，她在这个不祥的平台上拥有着优越地位，她是一个对于等级秩序既仁慈又无情的纪律严明的人。

―――――――――

[1] 川端康成：《睡美人》，第13页。

3. 隐瞒者（保密、匿名性）

"请。您不必麻烦。回去睡觉吧。还有另一个姑娘"……

他听到她拖着那个黝黑的姑娘下楼。[1]

老板娘的第三个职责是**隐瞒者**（掩盖不受欢迎的可变性），因此与保密和匿名性的概念相关联。我们对她的背景一无所知，甚至连她的名字都不知道；她没有透露任何个人品味或野心，并以一种纯粹的中立态度开始哲学对话。我们了解到，最重要的是，她不惜一切代价执行这个地方的统治规范，而且几乎是以僧侣的自律性方式进行。她的耐心是惊人的；她永远坐在附近的走廊上，随时准备应对任何紧急情况或干扰的出现。虽然我们没有确切的迹象表明，当**老人**忙于做他自己的事时，**老板娘**在其他空间里做了什么，但她在管理旅店环境方面的高效性、聪明才智和沉着冷静无懈可击。在诱人的开始阶段，**老板娘**执行药学任务，沉浸在香膏、乳液、镇静剂和血清的世界里；在光谱的更阴沉的一端，她在履行一个闭塞的义务，即掩盖这个住所的破坏性基础，处理其过时的尸体。一半是

---

[1]　川端康成：《睡美人》，第98页。

水，一半是石头。"还有另一个姑娘"，当一个睡美人最终香消玉殒时，**老板娘**冷冷地说，把这意外的命运转折伪装成什么都没发生过（因为她会抹去所有指纹）。不，没有什么必须在这里停止；在这里，没有一丝一毫的灵魂或母性；在这里，没有个人身份冒险去同情、渴望或恐惧；在这里，除了这种对仅此一家的例外信条的铁面无私的忠诚之外，没有任何伦理世界，这种忠诚在每个黄昏开始，在黎明结束。

同伙，物品

> 但我体内有一个鬼魂。你也有一个。[1]

还有**同伙**，他们扮演着**诱惑者**、**自杀者**或**幽灵**的角色。还有那些创造了一个错综复杂的背景的物品（将怠惰与硝化甘油结合在一起），每一个都是具有极其重要性质的人工制品，包括：门、钥匙、毯子、屏风、香烟、玩具、长袍和药丸。还有庞大而剧烈的气氛的力量，包括浪潮、大海、雪、雨、寒冷和温暖、节日、墙纸、窗

---

[1] 川端康成：《睡美人》，第85页。

帘，以及旅店自身憔悴的建筑。也许除此之外最重要的是身体的各个部分，每个部分都有自己独特的入侵或挤压点，包括：嘴、牙齿、脚、胸部、鼻子、头发和皮肤。这些互不相干的元素共同铸就了一个遥远的震中的地基；它们一起反复传播着危险的情景。

在这个地方没有偶然事件；每一件事和每一个人都有一个微妙的夜间目的；它们是巫术时间的基本信徒，蹑手蹑脚地在现存之外召唤非实存的会话；它们是一个被抛弃的游戏板的扑克牌或代币，它们灵活的运动赢得回合，获得优势，并为它们的主人——（无可匹敌的）**夜**收集碎片。

概念图（非实存之夜；暗夜的人物）

I. 人物

睡美人

1. 向导（入口、开始）

2. 女巫（魔法、诱惑）

3. 无辜者（怀疑、操纵）

4. 回忆者（图像、回归）

5. 做梦者（幻想、不安）

6. 尸体（畏惧、预言）

老人

1. 观察者（距离、魅力）

2. 离经叛道者（违反规则、游戏）

3. 军阀（残忍、愤怒）

4. 垂死者（意外事件、屈服）

老板娘

1. 保护者（冷静、防御）

2. 指导者（建议、等级秩序）

3. 掩饰者（保密、匿名性）

同伙

1. 诱惑者（谣言、阴谋）

2. 自杀者（耻辱、宁静）

3. 鬼魂（蔑视、分裂）

II.

物品

（大门）（钥匙）（毛毯）（屏幕）（香烟）（长袍）

（玩具）（药丸）。

III.

氛围

（波浪）（大海）（雪）（雨）（寒冷）（温暖）（节日）

（墙纸）（窗帘）（旅馆）

IV.

身体部位

（嘴）（牙齿）（脚）（胸部）（鼻子）（皮肤）（头发）

《睡美人》

　　摄影师：库尔特·凡·德尔·埃尔斯特，选自盖伊·卡西耶导演、克里斯·德福尔特作曲、西迪·拉比·谢尔卡维编舞的歌剧，2009 年

第三章

升天之夜（暗夜的物体）

先知之夜；精神错乱者之夜；神秘主义者之夜

> 同一个夜晚，我们的先知会两次升天。
>
> ——《伊尔哈尼德升天书》，无名氏[1]

疯癫（Lunacy）是一个令人难以置信的优雅术语，因为它在词源上结合了疯狂和月亮（即月球周期）的概念。如果把疯狂设想为个体自我对外部力量的让步和放弃（就像盯着一个巨大的白色球体发呆），主体的同一性对其他东西的从属，这些东西要求从外到内的事物，就顺理成章。神魂颠倒、如痴如醉、目瞪口呆：这些词开始对疯子的神情的迷惑性有所解释。因此，妄想症患者允许某些侵入性的视觉；疯子允许某些侵入性的情感；而精神分裂症患者允许某些侵入性的声音。这就是让精神分析学家和社会对所有疯狂的人物感到恐惧的地方——他们在（真实的或想象的）远方的汹涌浪潮面前拥有完全的自我征服能力——只有孩子的好奇心和先知的"牺牲式—火山爆发般的"谦卑才能提供类似的东西。事实上，

---

[1] 克里斯蒂亚娜·格鲁伯译：《伊尔哈尼德升天书：一个波斯-逊尼派献身的故事》，第 34 页。[Christiane Gruber (trans.), *The Ilkhanid Book of Ascension: A Persian-Sunni Devotional Tale*, London: I. B. Tauris, 2010, p. 34.]（以下引文中简称《伊尔哈尼德升天书》。——译者注）

童话和圣歌有很多共同点：比如它们都会有启程、奇迹和邂逅难以置信的生物或存在物的主题，这些事物拥有同样难以置信的力量。

中世纪的伊斯兰世界为我们提供了无数的参考，将黑夜与神圣和世俗的领域联系在一起——预言的故事、交流的存在，以及来自各方面的吠叫声。从《一千零一夜》中记载的故事到无数描述上帝与朦胧关系的《古兰经》经文中，我们可以在这一时期找到一个真正的关于夜间性的叙事、诗歌和宗教—哲学反思的预言档案。更不用说整个伊斯兰信仰都以新月为象征（这并非巧合）——是的，人们通常会认为这是**伊斯兰思想的黄金时代**，因此更准确地说，是它自己的**黑暗时代**，但也恰好是它取得卓越思辨的成就中的一项。[1]

从这些与黑暗相关的文本中，我们将为我们的直接目的剥离出一个激进的例子：夜行（isra'）和升天（mi'raj）之书。在其最典型的层面上，它是一种专门叙述先知穆罕默德从麦加到耶路撒冷，然后升入天界的天空之旅的类型，充满了关于守护天使、天堂花

---

[1]　请注意，夜行和升天的文本也包含它们自己对夜本身的有力的元评论，引用《古兰经》的经文来建立一套缠绕的解释学进路。例如，在本章中占主导地位的《伊尔哈尼德升天书》。"这种上升发生在夜间，因为服务的命令也是在夜间。'在夜间站立（祈祷）'。召唤仙女（pariyan）的命令也是在夜间。一个晚上来祈祷；另一个晚上来读《古兰经》，第三天来告诉你的秘密。真主赐给这位主宰四个夜晚：侍奉的夜晚、邀请的夜晚、证明的夜晚、见证的夜晚。"（克里斯蒂亚娜·格鲁伯译，《伊尔哈尼德升天书》，第82页。）四个夜晚的主宰：这里潜藏着一种复杂的哲学，需要进一步的剖析和阐明，破译和解读。

园、地狱山谷、气象学轨道、致命的纬度和经线，以及上帝本身巨大权力的超自然描述性段落。虽然几个世纪以来，这个升天的夜行有几个标志性的版本，其中也都有创造性的不同细节，包括但丁自己受到升天（*mi'raj*）启发的《神曲》，但我们将在这里关注这个故事的一个相对来说不太知名的版本。这个故事是在公元 1286 年前后（伊尔汗王朝时期）用黑色墨水和波斯书法写成的，没有给出准确的地点和作者的名字；这个精心设计的故事将为我们提供必要的幻觉粒子，从而构建一个关于**先知之夜**的新理论。[1] 此外，我们将放弃传统的分析切入点（即超然的历史因素或神学论点），而专注于那些经常被忽视的特征，可以说正是这些特征承载了故事本身的经验厚重感：它们是夜间旅行的对象。因此，当人走进天堂的房间，就像走进收藏家的珍贵房间一样，对**夜**之事物叹为观止。

---

[1] 有许多学术著作涉及夜行（*isra'*）和升天（*mi'raj*），包括：Frederick S. Colby（trans.），*The Subtleties of the Ascension*，Louisville：Fons Vitae，2006；Frederick S. Colby，*Narrating Muhammad's Night Journey*，New York：SUNY Press，2008；Christiane Gruber and Frederick Colby（eds.），*The Prophet's Ascension*，Bloomington：Indiana University Press，2010；John Renard，*Friends of God and Tales of God's Friends*，Berkeley：University of California Press，2008；2009；Omid Safi，*Memories of Muhammad*，New York：Harper One，2009；Michael Anthony Sells，*Early Islamic Mysticism*，Mahwah：Paulist Press，1995。

先知, 夜, 胸口

我看到一个金盆和一个来自天堂的金水壶。然后加百列[1]让我躺下，劈开我的胸膛。他从我的心脏里取出几滴鲜血，毫不留情地抛弃……他用圣水洗涤我的心，用知识、智慧和光明填满我的心。他在我身上擦拭他的翅膀。他把我的心放回原处……我的胸口又恢复了原样。[2]

（为了开始夜行的）第一个仪式：一个高阶天使必须把手伸进先知的胸膛，紧握心脏，然后将它从胸腔内扯出来，用圣水冲洗它的血肉之躯，最后再把手伸进分裂的躯干，给心脏正位。这是一个突如其来的切割和愈合仪式，撕裂和缝合几乎同时进行。

与破裂的胸口的初次相遇，为人们如何阅读整个升天确立了两个重要的方法论限定。（1）**先知之夜**架起了一座通往令人反感的副作用的吊桥，允许我们进行迷人的反现象学（*counter-phenomenolo-*

---

[1] 在亚伯拉罕宗教中，加百列是出现在希伯来、圣经新约和《古兰经》中的大天使。——译者注

[2] 克里斯蒂亚娜·格鲁伯译：《伊尔哈尼德升天书》，第37页。

gies）研究，在那里，事物超出了它们的假定功能性和意义，获得了多潜能的能力（因此，胸口不再是一个私密的保护场所——胸骨和肋骨保护着重要的器官，而是成为光滑的切口—切割的场所）。（2）**先知之夜**代表了超越了天启式神秘主义（通过对神性不存在或不可能的东西的消极陈述来接近上帝）和肯定神学（通过对神性的属性或存在的肯定陈述来接近上帝）的第三个类别。相反，我们处于一种更虚幻的交感（*halluci-phatic*）状态，对那些以前无法描述的属性进行明确的、形象的描述（这就是为什么预言人物经常在真正启示的神性面前晕倒）。而这两个猜想性的转折——反现象学的和虚幻的交感——都来自胸部的撕裂和重塑，促使我们扪心自问：我们是否有能力考量一个新的存在原型？它不再是公认的统一存在与分裂存在的二元论，而是实在的存在——撕裂和重塑的出现。这是一种拼凑的弥赛亚主义。

最后，我们可以从这个腹部的祝福中得出关于夜行的另一个非常规的假设：它代表了一种暂时的完美状态。先知的无懈可击只是短暂的，**先知之夜**也只是暂时的供给（通过天使的活体解剖）。与所有典型的永恒范式相反，升天构成了一个特殊的间隔，是对一个夜晚的承诺，仅此而已，而且没有进一步重现的希望。因此，它的稀有性最为重要：一瞬间的无瑕的珍贵状态永远无法被复制或恢复，这种瞬间如同受伤到结疤所需要的最短时间一般转瞬即逝。

先知，夜，翅膀

他看到了［加百列的全貌］，并经受住了［这种视觉景象］，并没有因为看到他而昏厥……正如**先知**所说："我看到加百列在空中从东飞到西。世界囊括在他的翅膀中，我看见他的翅膀像珍珠一样洁白。他的头上有各种颜色的发丝；他的额头像太阳；脚像串珍珠；翅膀上掺着绿色的羽毛。"[1]

夜行并非为了精神需要而生，而是从一开始就严格地要借助躯体支撑：它不是从抽象的灵魂开始，而是从悸动的心脏、宝石般的翅膀、发光的额头、斑驳多色的毛囊开始。此外，特别的是，天使飘动的翅膀重新打开了欲望和恐惧之间的关系通道——在感官宇宙的监测中，我们恐惧所期待的，也期待着所恐惧的。

我们发现，**先知**本人首先希望注视天使的尸体，但其本人却摇摇欲坠，失去了意识（瞬间的代价）。当他醒来时，再次要求（注意：在整个夜行的过程中，他偶尔会得到第二次机会，尽管也经常

[1]　克里斯蒂亚娜·格鲁伯译：《伊尔哈尼德升天书》，第38页。

不被允许），在这之后的接触中，他承受了跨越整个世界的翅膀的全部力量。不过，这个幻象也并非完全没有可怕的后果。

先知之夜在此启用了一种新的卷积理论，其基础作为神经性毒剂[1]的神性（Divinity as Nerve Agent）思想。具体来说，在神经毒剂（沙林、环沙林、塔崩、梭曼）的生理症状和对天使身体的神秘描述之间，几乎存在着同样的平行关系：呼吸衰竭、横膈膜过度活跃、昏厥、瞳孔收缩、流涎、肌阵挛性抽搐（肌肉痉挛）、心脏骤停。天使之翼和神经毒剂都会导致突触崩溃和胆碱能危机；它们都会以气溶胶或汽化的形式导致神经肌肉休克；都会使其选定的受害者处于被毒气包围的状态中。天使之翼被吸入，从而使**先知之夜**成为一种奇怪的呼吸装置。

先知，夜，骏马

加百列说："穆罕默德啊！你起来，坐在这匹布拉克（*buraq*）上。"我看见一匹骏马般的东西立在萨法和马尔瓦的平原上。它像一匹马，比骡子小，比驴子大。它有着人类一般的面

---

[1] 神经性毒剂是指破坏神经系统正常传导功能的有毒性化学物质，最具代表的是塔崩（tabun）、沙林（sarin）、梭曼（soman）和维埃克斯（VX）。——译者注

庞，大象一般的耳朵……它的头是红宝石，翅膀是珍珠，臀部是珊瑚，耳朵是绿宝石，肚子是红珊瑚。眼睛像闪闪发光的星星，尾巴是珍珠，光是它的缰绳牵引着它。[1]

到目前为止，夜行已经敲定了入职仪式，选定了天上的使者，但现在需要一个强大的交通工具来穿越地理空间和宇宙空间。因此，骏马预示着升天，这是一种来自天堂的神话生物，名为布拉克（Buraq，阿拉伯语"闪电"之意），具有复杂的特征，从灵性到人形再到宝石学的多重性。另一个版本的坐骑甚至包括进一步的机械性、植物性或幽灵性的优点。总而言之，这些奇异的组合迫使我们把**先知之夜**视为对造物分类学的纯正性的背叛；相反，它被证明是对不纯洁的人、私生子、被误解的人和混血儿的支持。"闪电"的活力来自精妙的组合和杂交成分，这些特征或者说这些方面的狂热混合，共同拉伸了杂交性、雌雄同体不相称的晴雨表。

骏马的混合体以某种方式推动它向外行驶并超越尘世的界限，它自身混乱的血统使它拥有一种反线性的运动能力（可以进行"之"字形、悬浮、椭圆弧形的运动）。预言中的乘客紧紧抓住生命，就像接受生命阶段最后的电击治疗一样……在这个过程中从来

---

[1]　克里斯蒂亚娜·格鲁伯译：《伊尔哈尼德升天书》，第39页。

没有目的性的进展，只有流星般的飞速旋转和颠簸。由此，我们可以追寻一个有趣的理论，即**先知之夜**是**普遍的放逐**：因为天体不是归宿，而是在其他地方的急速旅行（最终异化）；它不是朝向中心的旅行，而是流放到所有事物的边缘的旅程。天堂是无人之境；天堂的骏马是一列空荡荡的火车，接近废弃线路的最后一站。

先知，夜，丝绸

> 我经过那个地方，进一步来到了这里。一个长着丑陋面孔的老太婆站在我面前。她身上有许多装饰品、饰物和各种丝绸。她对我说："穆罕默德啊！请你留下来，我想对你说句话。"我只看了她一眼，就走过去了……那是一个将她自己展现为精美装饰过的世界。[1]

在这个阶段，夜行在深入探究一个令人信服的图像或关于装饰性的讨论，把在世存在（being-in-the-world）本身描绘成一种诱导、矫饰和化妆点缀的精致做法。因此，老旧的世界给自己披上了

----

[1] 克里斯蒂亚娜·格鲁伯译：《伊尔哈尼德升天书》，第40页。

众多丝绸外衣，用一种基于光学的技巧和增强的补充性的美来掩盖任何天生的丑陋。

但这种对于尘世的创造最终说明了什么？**先知**最终是否必须返回这个本质上令人厌恶的平面并向它传播信息？对此以下三种解释方案只能选择其一：（1）上帝对世界的探索本身就是一个严重粗暴的错误（神圣之手的错误）；（2）上帝对怪诞的东西有一种令人毛骨悚然的嗜好（神圣对建造肮脏的东西的嗜好）；（3）在本质和外观之间永恒的等级差异中，上帝实际上更喜欢外观（神圣的诡计是在破裂的表面作画）。因此，审美观点凌驾于其神学对应物之上，因为真实性从来不是一种先天的拥有，而是通过具有挑战性的任务的实现获得。一个人是否可以与生俱来地排斥，但同时骨子里仍然无法抗拒？或者更好地以某种方式将排斥本身转化为一种无法抗拒的力量？丝绸使锯齿状的东西变得柔软；丝绸将恶性的东西包裹在良性的线缕之中，抚平轻视的光环；丝绸将退化的粗糙滋养为繁茂，诱使判断力走向高估和溢价。

此外，为了点缀、打扮、镀金或排列原初的肤浅，像丝绸这样的夜行物体能否赋予其魅力？天堂本身是否由这种表面化的微观技术组成？因此，**先知之夜**坚持了设计师、裁缝师、建筑师、雕塑家、幻术师、外科医生和调香师的秘密公理：（不惜一切代价，通过一切虚假手段）使外在形象高于内在形象。

先知，夜，岩石

　　我听到一个声音，它的强度使我害怕得发抖……我说："加百列啊，这可怕的声音是什么？"他回答说："穆罕默德啊，你要知道，在天主创造地狱的那一天，一块石头从地狱的边缘滑落。直到今晚，它一直在往下掉。它刚才已经到达了地狱的底部。"[1]

　　先知之夜标志着某种地狱的地质学终结时刻，但这块掉落了千年的石头超越了自身本有的价值，这预示着什么？这个单一的岩屑的回声超越了所有最糟糕的迷幻的陈词滥调，它是和谐宇宙的离体体验（out-of-body experience）[2]；燧石碎片以其自身专横的技巧破坏了整个计划。这里没有用来提升知觉的药物，而是感官知觉成为其自身的麻醉装置（夜间旅行作为糟糕的出行），响起了所有苍穹背后的动荡。矿物在燃烧。

---

[1]　克里斯蒂亚娜·格鲁伯译：《伊尔哈尼德升天书》，第42页。
[2]　离体体验是一种意识与身体分离的现象，在这种现象中，一个人从其身体之外的位置感知世界。——译者注

可以推断出的直接概念是，存在一个用于下降的声学寄存器
（暴跌事物的声学），听见或聆听（hearing/listening）同不祥的经验
密切相关。事实上，预兆本身往往与声音有关（钟声、狼嚎、雷
声），但在这里，在先知之夜的队伍中，我们想知道黑暗信号的作
用（地狱也有预言吗?）。寿命、深度、底部：这是地面以下的概念
性三位一体。岩石的坠落是一种嘲弄、警告，还是预测着一种失败
的诅咒？或者，如果它响起的是一个高潮，而不是一个前兆，那
么，夜间旅行最终解决了什么未完成的事业或未偿还的债务？不祥
之兆；下沉：在升天的过程中，始终存在一直被诅咒的地壳撞击宇
宙地板的声音困扰。

先知，夜，杯子

　　　　加百列到了，给了我三个杯子……"模子已经铸成，一切
　　都已经过去了。"[1]

三个杯子或四个杯子的测试在天神旁观者的眼里是一个定型的

---

[1]　克里斯蒂亚娜·格鲁伯译：《伊尔哈尼德升天书》，第44—45页。

事件，因为它衡量了某种罕见的智慧或是疏忽：去代表他人做出正确选择的能力，但不自知。先知夜行时摆在他面前的四个杯子的内容分别是水、酒、奶、蜜（没人告知他这些东西有什么象征意义）。然后，他收到命令：根据自己的"愿望"进行选择，通过喝牛奶而不是其他液体来不纯粹地通过考验，从而使他的同族免遭可怕的命运——水代表未来被淹死的追随者，酒代表喝醉的追随者，蜂蜜代表淫乱的追随者，但由于没有喝光装满牛奶的杯子，也注定了有不纯粹受骗的成员永远污染了信仰。当他迅速请求喝下剩余的酒时，却被宣布为时已晚［注：为时已晚（being-too-late）是一个完整的哲学经验，有其特殊的复杂性］。

在这个背景下，我们必须融合一些相当颠覆性的概念，它们发生在一个神圣的实验中，因为全有或全无的神圣裁决悬在一个独自的吞咽行为的平衡之上。那么夜行者得出正义决定的确切标准是什么？这里没有理性的基础来辨别适当的杯子，没有神学知识的传统或深奥的信息，一个不识字的先知可以从中获得启发，也不是被动地屈服于模糊的信仰来决定适当的结果，更没有任何直观—经验的意识（真知 gnosis）的暗示来引导最后的行动。相反，先知得到鼓励：跟随他的喉咙的"欲望"（为本能、品味、敏感的机制打开了整个闸门），并因此遇到了对四个杯子的描述，作为一种掷骰子的方式（为机会、意外、运气的机制打开了一个同样的闸门）。

　　据称，为了故作轻松，**先知**佯装说："我总是喜欢喝牛奶。"[1] 游戏的规则和游戏的奖励在结束之前都没有进行明确说明，从而迫使先知之夜的实践者把他的追随者的未来预先抛给短暂的个人放纵的渴求（个人的心血来潮成为无限的救赎）。嗜好、喜爱、仔细品味和喝水解渴的偏好，是在喜欢和可能之间的摇摆：这些显然是平衡创造的天平，直到未来的所有时间。神圣的正义只是一个赌场的游戏，它的祝福或诅咒通过四个杯子代表的事物产出的危险……和剃刀般极薄的嘴唇的开合来显露。

先知，夜，鸟／海洋

　　　　我看见鸟儿栖息在空中。它们吃着普通的食物，在空中死去。

　　　　然后我经过那个地方，看到一个漂浮在空中的海。它的名字叫命运（qaziya）。[2]

　　鸟类在半空死亡或海在空中漂浮，这指出了**先知之夜**的另一个

---

[1]　克里斯蒂亚娜·格鲁伯译：《伊尔哈尼德升天书》，第44页。
[2]　克里斯蒂亚娜·格鲁伯译：《伊尔哈尼德升天书》，第45页。

奇异效果：（使生命盘旋的）悬浮的力量。这是鬼魂和阴影以一种可怕的优雅所做出的事——这种悬挂、徘徊、在开放空间的静止，将飞翔或流动的事物逆转为冰冷的现象。现在，意在用于运输的海浪把自己聚集起来；现在，意在滋养的食物让野兽饱餐一顿。一方面，这些悬空的形式结合了被夹在中间的主体的条件，同时（在大气之间）被垂直压缩和（在广阔之间）水平监禁；另一方面，这些休眠的形式结合了两种恐惧的最极端的表现，厌食症（害怕吃任何东西）和恐水症（到处害怕被淹死）都凸显了它们不合逻辑的极限。事实上，上层或下层的东西已经弄清了命运和宿命结合体的谜底，它在某种程度上取决于取消节奏的巫术，把所有的东西引向危险的死胡同……这实际上可能只是把时间加速到静止的剧烈程度。

先知，夜，门

我再往前走，看见在那个地方设立了一个宝座（takhti）。亚当就坐在上面。有两扇门在他面前打开：一扇在右边，另一扇在左边。当他朝右边的门看时，他笑了；当他朝左边的门看时，他哭了。[1]

第一个（从伊甸园中堕落的）人类仍然与所有羞耻、失败、背叛和流放的主题密不可分。然而，在这里引起我们兴趣的是对立门的系统：因为对人类祖先（亚当）的报应是以永恒的分裂形式出现的。一扇门朝向天堂，看到他的孩子在那里，他的眼睛闪过一丝喜悦；另一扇门朝向地狱，看到他的孩子在那里，他泪流满面，眼睛哭得通红。对他来说，炼狱般的折磨并不是剥夺了他看见天堂或深渊的权利，而是同时被两个领域场景轰炸：永远旋转的门的眩晕感，来回扭动，直到某个世界末日的到来。**先知之夜**因此训练人们同时具有看两个地方的视角，同时走过两扇门，并接受同时在两个地方存在的煎熬和兴奋。

这个先驱者既最受欢迎，也最受诋毁，然而，这里的磁性元素存在于和两侧的两扇摆动的门相关的面部扭曲和变化的表情。门之间的持续摆动导致一种悲剧性的二元论，可以从亚当的脸上观察到；他的嘴角不由自主地向上和向下转动，就像门本身的锁扣和门闩。他快速地在"悲伤"和"亢奋"之间切换情绪，只需足够长的时间来消化自责或骄傲的痛苦，从而认清异教世界中自相矛盾的

---

[1]　克里斯蒂亚娜·格鲁伯译：《伊尔哈尼德升天书》，第46页。

亚努斯面孔（罗马的两面神，代表开始、二元性、过渡和门路）。这两个万神殿的症状学特质几乎相同，我们不禁要问，我们是否可以把这种情感混乱的悲剧也延伸到一神教的源头。难道造物主没有经受住类似的冲突，被迫通过开放的完美和憎恶之门来倾诉感知？难道全知全能本身不是一个骇人听闻的、层层叠叠的形象吗？伊斯兰教义中坚持的神的隐蔽、不可见的面孔，难道不是超然的不存在（无面性），而是大量的分歧、差异、矛盾、激动（无限的面孔），过度反应使神圣的眉毛变得错综复杂，反而像生锈的双铰链？

先知，夜，武器

> 然后，我看到天使们，他们浑身戴着装饰品，拿着光制成的战士武器（Ghaziyan），所有的天使都在行进中……[1]

关于武器的工匠传奇的历史数不胜数，令人叹为观止，每个文明都产生了精心制作的破坏性装置，它们具有自己的装饰图案和技术优势，但在这里，我们需要主动思考天使武器的更令人好奇的等

---

[1] 克里斯蒂亚娜·格鲁伯译：《伊尔哈尼德升天书》，第48页。

级。第一个问题：他们的工具是否类似于人类的弹药（弯刀的弧度、匕首的血槽），为什么甚至在天堂的领域里还需要这样好战的天使（围困的威胁、入侵的力量）？戒严令、紧急协议、脆弱的周边环境、安全状态：什么样的潜在危险会使日常化的保卫成为必要？

在这段关于夜行或升天的段落中，我们得到了一个直接的答案：他们是上帝派遣的体格健壮的战士，以帮助人类战士进行持续的斗争。因此，天使军团为人间战斗的战场提供秘密援助（隐蔽而致命），并一直持有发光的武器。这样的描述性后果是双重的：(1) 这种天体的细节能够以光的速度出击，速度之快令人难以察觉；(2) 此后我们可能对所有的光芒抱有疑虑，因为这使得我们警觉地了解到，大多数光的形成传达了另一个世界的微妙暗杀意图，也许太阳光芒本身只不过是一把磨尖的矛、刀或斧头。

先知，夜，碑铭

我看到他的右边有一块碑（lawhi）……他怒视着它……穆罕默德问道："加百列啊，这块石板是什么，这棵树是什么，这只碗是什么？"他回答说："穆罕默德啊！在这块碑上有一份书面文件（nuskhat），是根据守卫碑的记载（al-lawh al-mahfuz），这里是今年将要死亡之物。阿兹拉伊在忏悔之夜受托保管它。"[1]

这块石碑表明：**死亡天使**不仅仅是另一个神意的使者或大使；相反，终结事件的正式铭文（以及它们的"守卫"性质）使他成为"受托"于整体计划的秘密意识。因此，他成为一个真正的全周期执行者，从创世纪之夜到忏悔之夜，再到世界末日之夜。

但是，这块碑的承载内容显然呈现出需要付出的代价，起初我们问自己，为什么死神似乎被愤怒冲昏了头脑？是恼怒于垂死之人的那些无休止的、徒劳的恳求吗（他们一直恳求）？是游行的无休无止吗（他们不停前来）？不，是碑文本身激起了愤怒，因为它本来可以癫狂地展示柔韧的姿态，现在却变成了普遍的有限性、量化和追踪（制度化的记录）的生硬功能。积累变成了受困扰的想法，阿兹拉伊尔（Azra'il）受到清单里一系列的焦虑的困扰，反映了所有收藏家从快乐到神经症的上瘾性转变。这份清单令人欣慰：遵循最严格的间接性命令，把每一个姓氏都带到苦难中去，没有豁免，没有即兴发挥的嬉戏（碑文的要求）。**先知之夜**是与死神的沉着、专注和愤怒的对抗。

---

[1] 克里斯蒂亚娜·格鲁伯译：《伊尔哈尼德升天书》，第 50 页。

先知，夜，地狱

（锁，樟脑，链子，钉子，饮料，水果，头，脖子，嘴，舌头，胃，蝎子，河流，山谷）

我看见一扇樟树制作的门，上面锁着一把金锁……当我凝视时，天堂消失了，出现了一片土地。我看了看，只见一个人站在那里，黑着脸，他有着猫一般的眼睛，嘴里往外冒火。[1]

地狱是一个露天监狱：在它的诸多下层巢穴中，我们发现受害者的颈部被切断（波斯语 shah-rag，意思是"国王的静脉"）；我们发现有人诅咒受害者成为食粪癖（吃废物）和食尸癖（吃死人）；我们发现有人以"虐杀"（sag-marg）和"痛杀"（zajr-kosh）的方式反复谋杀受害者，前者与视觉的羞辱相关，后者与身体的毁坏相关。然而，即使是夜行的地域，也最好通过它们的物质对象和不同的客观力量的安排进行剖析，使我们能够沿着三条独立的路线分解它们的裂缝和硫黄的框架：（1）地狱的人工制品；（2）地狱的身体部分；（3）地狱的地形图。

---

[1] 克里斯蒂亚娜·格鲁伯译：《伊尔哈尼德升天书》，第52页。

地狱是戾气严重的地方，是缓慢燃烧的地方：我们的第一件物质工具是门锁（是用来向内抑制还是向外阻挡?），上面涂有洗尸人和古代防腐人最喜欢的樟脑（用来浸泡尸体），这证实了恶魔和芳香学（掌握香味的心理作用）之间出乎意料的联系。第二个物质对象是锁链，因为先知看到"男人和女人，受尽折磨，被锁链和枷锁束缚着"，尽管我们后来发现，在灾难的蹂躏中，有一对神圣的孪生兄弟，先知据此描述："那条鱼的背上驮着大地，脖子上装饰着金色的锁链。"[1] 因此，整个创造可以归类为捆绑、绳索和脚镣；在道德宇宙的任何一极，只有禁锢。第三，我们发现那些"脚被火钉钉住"的人，从而将钉子和它的刺伤潜力引入可怕的环境中。最后是砾石、瓦砾和矿石的压碎效应："石头放在他们的头上"和"巨石挂在他们的脖子上"。[2] "被金属钉子或大头针刺穿，人可以感受内部的愤怒；被石板压死，则可以感受外部的愤怒。"最后，地狱的惩罚从固态转为液态（强迫吸收），因为有些人"喝开水（hamim）和污物（ghislin）"，而另一些人则被魔鬼"强迫喂食水果（Zaqqum）"。[3] 每个坩埚都有其难以忍受的痛苦（烫伤、干呕、窒息）。一个人在第一个坩埚中尖叫；一个人在第二个坩埚中

[1] 克里斯蒂亚娜·格鲁伯译：《伊尔哈尼德升天书》，第52、63页。
[2] 克里斯蒂亚娜·格鲁伯译：《伊尔哈尼德升天书》，第52页。
[3] 克里斯蒂亚娜·格鲁伯译：《伊尔哈尼德升天书》，第52页。

呕吐；一个人在第三个坩埚中窒息……尽管所有的人都屈服于消耗不完的东西（尽管如此，他们仍然在违背意愿地大吃大喝）。

　　我们把焦点从地狱的物质工具转移到地狱居民的受困器官上。虽然头部、颈部和脊柱区域受到重压，但在"恶魔将火热的尸体碎片放入他们的口中"和"将腐烂的肉放入他们的口中"，或者在"舌头挂在他们的肚脐上""舌头上滴下的唾液"[1] 等经文中，口腔和舌头也成为重要角色。以腐烂的组织为食根本谈不上卫生，以死肉为食则是一种暴力的侵犯，有趣的是，"赭红"（"ichor"）既指异教之神血管中流淌的神话物质，也指从新鲜伤口中渗出的腐烂分泌物（神性是否拥有自己的溃烂、感染和腐烂规律?）。除此之外，我们还看到了胃也遭到了诅咒，一些人的肚子"被撑得有几座山那么大"；另一些人则"变成了火红的磨盘"，或"肠子从后背冒出来"。[2] 这些扩张、烘烤或净化的方法都是朝着无法自我控制的**存在**的方向弯曲的；它们的目的是促使内在的东西不停地向外泄露。

　　然而，所有这些身体的断裂上都有个令人惊奇的反响：一个大蝎子来戳地狱居民，这种生物以令人难以置信的解剖结构合并和放大了上述每一个附属物的断裂：因为"每个蝎子都有几个骆驼那么大，每个蝎子有七十个尾巴，每个尾巴有七十个关节，每个关节都

---

[1]　克里斯蒂亚娜·格鲁伯译：《伊尔哈尼德升天书》，第54—56 页。
[2]　克里斯蒂亚娜·格鲁伯译：《伊尔哈尼德升天书》，第55—56 页。

有一袋毒药"[1]。野兽的骨骼系统变得巨大而复杂:它们是理想的杀人机器;它们是攻击背部的咬人者;将各种致命的针尖和毒尖集于一身;最后导致人千疮百孔的死亡(尽管从未死去)。

在夜行者所见到的地狱景象中,需要仔细研究最后一个因素与它对空间、景观、地形、位置和气候的生动编排。尸体被拖过布满毒蛇的草地,或被拖进有猫眼看守的刑讯室,形成了由名誉污毁者、扭伤者和被殴打者组成的团队。尽管如此,文本中各种河流和山谷的景象能够完美解释灭亡的非自然建筑学:在第一个方向,"胆汁、血液、蠕虫和火焰的河流……一起沸腾、腐臭和令人反感",与另一条"黑色的、荡漾着火焰的河流……咆哮着自己的喧嚣和恐怖";在第二个方向的是山谷,"他们说那个山谷的名字是'苦难'('Vayl'),另一个山谷叫囚禁(Sijin)和至低之处(Lowest of the Low)"[2],水道像巫师的药水一样汹涌,混合着血淋淋的东西,用它们自己的基本唯物主义的剂量对其中的身体进行污染;然而,峡谷走的是一条更隐秘的路线,标题包含了复杂的概念(苦难、囚禁、低贱),以抽象艺术或实验性菜肴的形式对不听话的人进行报复,要求参与者有某种倾向的意识。在任何一种情况

---

[1] 克里斯蒂亚娜·格鲁伯译:《伊尔哈尼德升天书》,第53页。
[2] 克里斯蒂亚娜·格鲁伯译:《伊尔哈尼德升天书》,第53页。

下，我们都失去了东西南北的方向感……就像温度也在不断变化……验证了上升和下降的交替（更不用说螺旋上升、纵横交错、远程传输和航行）。

先知，夜，颂歌

> 我看到他们的整个身体完全是脸，没有手和脚……在喜悦和歌声中唱着天主的赞美诗。特殊的天使带着特殊的喜悦。他们都因敬畏天主而流泪……[1]

先知之夜从第三等级的炽热中涌出，再一次重新发现了那个**王国**，但也许最令人震惊的是，第一批天使的相貌与地狱里的蝎子几乎相同。他们是多头、多面、多嘴、多舌、多语言的集合体；此外，他们完全由脸部组成（一排排被截断的头颅在唱歌）。尽管如此，最重要的细节是他们彼此之间没有相似之处，每个天使的喉部都以无调性、非旋律的音符演奏自己的声音序曲。这是一种蜂巢思维，但有着教派的喧嚣：重要的是，每个声带发出"喜悦之声"的

---

[1]　克里斯蒂亚娜·格鲁伯译：《伊尔哈尼德升天书》，第58页。

独特性，产生一个非和声的、无羁绊的、喧闹的天国形象。神性不属于音乐，而属于噪音。

不和谐的也不仅仅是无躯体的天使唱诗班，还有作为听众的先知自己。因此他说："我身体的七个部分成为听觉的器官，可以从六个方向听。我从里面听到了我从外面听到的东西；我从右边听到了我从左边听到的东西；我从下面听到了我从上面听到的东西。"[1] **先知之夜**是纯粹的精神分裂的听觉。

先知，夜，元素

（风，雨，泡沫）

> 每天都有一位天使用他的翅膀触碰"天堂之河"（Kawthar 天堂的主要河流），掠过河流，掀起它的泡沫，并打散水波。成千上万的水滴滴落下来。至高无上的天主从每一滴水中创造了一个天使。[2]

在讨论上述段落之前，我们可以通过注意到根据哲学标签划分

---

[1] 克里斯蒂亚娜·格鲁伯译：《伊尔哈尼德升天书》，第 81 页。
[2] 克里斯蒂亚娜·格鲁伯译：《伊尔哈尼德升天书》，第 60 页。

的几股风来开始讨论夜行的要素。首先是"贫瘠之风"（"*rih al-'aqim*, the wind of barrenness"），然后是吹遍"无地之境"（"the placeless realm"）的风，即"无地之风"，最后是"仁慈之风"（"*bad-i rahmat*, the wind of mercy"）。[1] 仔细观察，这些风的类型都涉及一种特定的缺失状况，每一种都在废墟和鸿沟的整体分类学中占据自己的位置："贫瘠之风"指的是未来、活力或希望的丧失；"无地之风"指的是领土权、身份或根基性的丧失；"仁慈之风"指的是之前的犯罪行为，因此也指无辜、纯洁或神圣性的丧失。但是，既然每一种都是以不同形式的不完美、差距或缺乏为前提的，那么为什么这些犯罪之风会弥漫在天堂的行列中？是因为上层建筑的不完整，会导致来世充斥着违约和失误？这难道不表明生命的胚胎缺陷确实是遗传的，而且存在的呼啸的缺陷和裂缝也在向天空涌动？天主的天堂并不完整，也就难免会受到恶劣旋风的影响。

下一个元素特征与雨和"雨之天使"有关，他们的"脸像满月"[2]。指挥整个军团的是天使长米迦勒，当先知要求他解释他的名字的来源时，他回答如下："因为他们让我负责下雨，每一滴雨

---

[1]　克里斯蒂亚娜·格鲁伯译：《伊尔哈尼德升天书》，第62—63页。

[2]　克里斯蒂亚娜·格鲁伯译：《伊尔哈尼德升天书》，第63页。

都得经过我的掂量才可以落在地上。"[1] 这是一个令人惊讶的职责形象：在出现任何激流、倾盆大雨或乌云密布的天气之前，他要测量每一滴水的连续密度。但是，为什么需要这种毫无意义的精确，把巨大的精力消耗在微不足道的计算任务上？难道所有的宿命都是基于荒谬的分析、校准每一个可笑的降落和不值一提的气候事件？为什么要雇用那个战胜了撒旦的天使来进行这种微小的气象检查，或者这两种行为在某种程度上是相互需要的功能（史诗般的宏伟意志和无穷小的意志）？

然而，最扣人心弦的基本生产发生在对天使创造本身的描述中：即，上帝大概将这一过程作为一种仪式实践委托给一个中介性的河流天使来进行——他是一个通过散落的泡沫催生其兄弟姐妹的天使。一种神圣的孤雌生殖（无性生殖），通常在自然界中保留给奇怪的植物、昆虫、两栖动物或爬行动物。然而，在这里，泡沫的综合体才是吸引人的地方。因为把拱卫者（arch-guardians）的起源委托给剥落或滴落的物质，这是什么意思？它们的核心是由偶然的、坠落的物质产生的；它们的诞生取决于球状物的微妙的随机扩散。复制变成了一个泡沫、喷雾、漂流的问题；物种的存在既不是进化的，也不是顺序的，而是诞生于泡沫和空气颗粒之中。

---

[1] 克里斯蒂亚娜·格鲁伯译：《伊尔哈尼德升天书》，第 65 页。

先知，夜，面纱

> 我看到天堂的守护者和天使在一起。在他们月亮般皎洁的
> 脸上，蒙着成千上万层面纱……[1]

我们沿着另一个天国的斜坡落下，发现无数戴面纱的天使。面纱是一个耐人寻味的背景故事的容器，因为它通常伴随着羞耻、阴谋或优越感的状态。麻风病人（屈辱的面容）；强盗（隐秘的任务）；王室（精英的地位）。因此，夜行者既遇到了自我伪装的恶魔长廊，又遇到了自我掩蔽的天使庄园，甚至包括戴着"宏伟面纱"（"*hijab-ikibriya*, the veil of Majesty"）[2] 的神性本身，这在逻辑上没有问题。是的，君主也会遮蔽自己，在天堂的阳台之外进行遮蔽和伪装，据说是为了超然的隐形，但也许也是为了上述另外两个遮蔽的理由：一方面，造物主出于某种羞辱或蔑视而遮蔽；另一方面，造物主出于某种悬而未决的背叛或别有用心的动机而自我遮掩。因此，一件衣服的纤维可以遮住整个世界的觊觎

---

[1]　克里斯蒂亚娜·格鲁伯译：《伊尔哈尼德升天书》，第62页。
[2]　克里斯蒂亚娜·格鲁伯译：《伊尔哈尼德升天书》，第68页。

和丑闻。

让我们把面纱的这种触感与大天使加百列的名字并列起来，文本中称："他们称加百列为'加百列'，因为他负责监督惩罚天主的敌人沉入地下（*khasf*）和毁容（*maskh*）。"[1] 在他控制沉入地下的形式和对脸部的戏剧性改变（创造一个病变的面具）方面，已经与面纱有一些相似之处；或者说，他通过给精神叛徒戴上显著的、明显的、耀眼的东西，使内部和外部的辩证关系崩溃。罪的印记；该隐（Cain）有标记的额头；现在无法掩盖的面纱。

为了记录在案，《旧约》中提到加百列是"穿亚麻布的人"，伊斯兰思想只是通过任命他为启示、安慰和身体华丽的天使来加强他的空灵地位。因此，他一般负责监督温和行为的地区（作为知己）。但在这里，他的职责是进行切割、畸形和玷污的掌舵人。这是否因为宇宙的残酷实际上不是一种粗暴的做法，而是一种不断完善的敏感性（对手指的温柔掌握）？每一次擦伤都是细密的、缎面的操作吗？天使对敌人的手腕或异教徒的牙龈的切割，是否类似于裁缝对布匹的严格切割？如果是这样，那么把这种活埋和要刀的修养责任只留给最柔软的、无懈可击的手就有意义了。

---

[1] 克里斯蒂亚娜·格鲁伯译：《伊尔哈尼德升天书》，第65页。

先知，夜，房子／树

他们称其为极限之树（Lote Tree of the Limit），因为先知和殉道者的至高灵魂就在那里。[1]

在正常情况下，房子和树是坚硬的东西，但先知之夜是一个相当异常的时期。直立的东西变成了颠倒的东西；这些支撑在一起的结构曾经只在洪水、飓风或地震前崩溃，现在却陷入了反常的混乱。因此，我们来到"常去的房子"（"*al-bayt al-ma'mur*""The Frequented House"）的破旧门槛前：这栋建筑包含了某种庄严，但形容词"常去的"（"frequented"）暗示了另一种解读，即这栋建筑是一个被滥用、被践踏的场所（如妓院、酒馆、商队）[2]。人们想象着破旧的墙壁、磨损的天鹅绒窗帘，以及因过多踩踏而磨损的瓷砖；非凡的都市中心的棚户区或住宅楼。这里没有更多的住所；只有侵扰。

极限之树也是基于一个令人振奋的原则：（用烈士的血浇灌的）

---

[1]　克里斯蒂亚娜·格鲁伯译：《伊尔哈尼德升天书》，第 64 页。
[2]　克里斯蒂亚娜·格鲁伯译：《伊尔哈尼德升天书》，第 59 页。

牺牲式的养育。它纠缠在一起的根系以这一特殊地段的骚扰为生；它低垂的枝条通过他们的腐肉祭品汲取营养，从而重温了原始宗教的悖论，即通过死亡而带来复生。先前我们得知，死亡天使在审判前从不微笑，因为死亡是作为惩罚而产生的，但在这里我们发现了唯一的例外，通过它，死亡变成了纯粹的礼物（如树液）。因为殉道者鼓舞人心；殉道者再生；殉道者加快了创造的脉搏；殉道者通过变质而变得健康。在一个世界中，痛苦溢出身体；在另一个世界中，森林在身体里生长。

先知，夜，墨水

他将一滴墨水（笔的实体性存在）滴入先知的口中。他将最初的和最后的知识铭记于心。此后，没人能向他提出他无法回答的问题。[1]

先知之夜通过气管传递其最隐秘的神秘知识。因此，先知旅行者要把头向后仰，天主会把颜料、染料和树脂倒入他打开了的气管

[1] 克里斯蒂亚娜·格鲁伯译：《伊尔哈尼德升天书》，第70页。

里。这种对墨水的摄取是一种超知识论的转移（掌握奥秘），允许熟悉原始的未知和未来的未知。从远古时代到末日时刻，被墨水沾染的血流携带或解决了所有全知的谜题。但问题仍然存在：如果把所有的精神练习都紧紧抓住不放，这种对最初和最后的知识如何不会导致完全的虚无主义瘫痪（僵局）？此外，这难道不会使先知成为不断被审问的对象，总是要面对各方问题的压力，同时承担给出答案的压力，在无限审讯的前夕、在绝望的人群面前，他的眼睛成为反射人类的好奇心和怀疑的镜池，他的声音是对所有总体事物的模糊性的治疗？意识矛盾性的结束是否标志着它的极端冷漠的开始？这个（用永恒的墨水写成的）包罗万象的教理问答是不是会使得创造物、造物主和被造物，对心灵来说无法容忍？

先知，夜，天堂女神

（皇冠，骨骼）

那些如同天堂女神的面庞，没有灵魂从它的边缘生长。信徒看着她们，内心充满着渴望。在那一瞬间，一个灵魂进入了那张脸，它戴上了王冠披上了华服，在天堂的居民面前站了起来。[1]

在伊斯兰教的图像学中，天堂女神是一群传奇人物：她们是欲望的化身——美丽、诱人、永远年轻、没有身体分泌物、永远姿态万千，她们作为来世对信徒的理想奖赏。事实上，她们是过度的补偿（神的慷慨赐予的样本），据说她们通过对比来迷惑人，她们令人震惊的黑色瞳孔，似乎镶嵌着令人震惊的白色眼球，这对组合让人留恋。套用夜行者的说法，她们露出一个指甲就能把黑夜变成光明，解开一缕头发就能把大地的土壤变得如麝香一般香美，她们的一滴唾液就能使海水变甜。因此，她们是无懈可击的幸福伴侣；她们是投射出的渴望的宝物，是幻想的透明倒影，甚至"她们的骨髓都是可见的"。[2] 此外，上述的加冕仪式只发生在对方愿望中，她们的冠冕是由（偷窥者的）秘密和私人欲望铸造的。在这方面，她们占据了形而上学（没有天赋的灵魂）和物理学（没有先天的需求）之间的第三条细线，既不是纯粹的使徒，也不是纯粹的幻想，而是更接近技术学（自动化）的东西。她们是被捕获的（无迹可循的）神像，是自发冲动的模仿者；她们催眠的目光只是合成的物

---

[1] 克里斯蒂亚娜·格鲁伯译：《伊尔哈尼德升天书》，第 70 页。
[2] 克里斯蒂亚娜·格鲁伯译：《伊尔哈尼德升天书》，第 71 页。

质，并非纯粹。勉为其难的是，她们在所有彻底的空洞中表现出欲望，是为游行者制造出的无意义的麻醉剂的雕像。天堂女神是永不堕落的，因为她们是任何腐败的享乐主义的对立面；她们仍然是处女，因为她们不断地被超越。这就是**先知之夜**所提供的物质性的最外在视野：遇见活生生的玩物（存在的绝对对象化）。

先知，夜，宝座

> 然后我经过那个地方，直到我到达一个黑暗的海洋。在那里，我看到一群无声的天使，他们没有头，一动不动……他们是属灵的天使，是天主的宝座的侍者。[1]

禁欲主义被带到了它可构想的边缘：就像上述节选中可怕的侍者（无头、不动、无声），像蜡像馆或夜间的雕塑园一样令人不安。接着，八个抬宝座的人通过各自的不祥咒语联合在一起："赞美你，而宝座不知道你在哪里。"[2] 这一句是可怕的诗学—神秘学精髓：让我们筛选出所有关于基座、天使的眼泪、薰衣草和藏红花（所有

---

[1] 克里斯蒂亚娜·格鲁伯译：《伊尔哈尼德升天书》，第67页。
[2] 克里斯蒂亚娜·格鲁伯译：《伊尔哈尼德升天书》，第67页。

先知之夜的重要物品）的烦琐描述，问问为什么天主的宝座无法找到其主人。这是一个令人厌恶的情况，这空出来的王座在呼唤它的主人，导致我们追问这种宇宙性的困惑的潜在原因：（1）这个神有时会逃跑（离家出走的神性），离开他的领域去享受游牧的视野。（2）王座的位置本身就是一个不为人知的地方，因此混淆了空间理解，让人发现不了神的踪迹。（3）天主、宝座或两者都是运动狂的力量（总是在强迫性的运动中），沿着它们自己的轴线回旋，因此无休止地错过彼此。（4）神圣的光芒本身是一种散光或视网膜撕裂的形式，从而使整个知觉秩序处于迷惑、茫然和惊讶之中。"我怀疑这个世界和那个世界的人都死了。"先知在痛苦或愤怒中承认。这就是到达**宝座**的巨大心结和困难（接近于精神错乱）。

尾声：篡夺者的夜晚

巴雅兹德（Bāyazīd）将自己比作天主，声称自己代替天主得到了天使的赞美，将祈祷的方向（qebla）从天主转向自己，并宣称卡伊巴（Ka'ba）[1] 在他身边行走……他不再是

---

[1] 卡伊巴是供奉上帝的圣地。它是一个简单的立方体结构，位于麦加的中心。——译者注

天主的受造物和仆人。"除了你，他们都是我的受造物"；"除了你，所有人类都是我的仆人"。相反，他成为天主的对手，发现天主的宝座是空的，并在承认自己的真实存在的情况下登上了宝座。"我是我，因此我是'我'"，巴雅兹德声称自己无始无终……没有早晨或晚上。天主在他面前处于次要地位。他用"我更伟大！"来回应穆罕默德的呼唤……将《古兰经》中的"你的主的掌握肯定是牢固的"（85：12）变成"以我的生命，我的掌握比他更牢固"，并感叹"摩西希望看到天主；我不希望看到天主；他希望看到我"……［以及］"我是我；除了我没有天主；所以崇拜我！"[1]

精心设计的夜行图像（沉睡的城市、被火焰吞噬的先知的头颅、以太的图层）让我想起了多年前的某个场面。有两个职业拳击手，都是各自体重级别的冠军，在正式比赛前的活动中交谈。一方是傲慢的征服者，他大肆宣扬自己的实力，在领奖台上宣称自己是神中之神；另一方是谦逊的宗教人士，他将战斗视为对先知守护者的个人责任，对其对手的自命不凡感到不满，发誓要用肘部、膝盖和扼喉来还击。自大狂对战谦逊者。在武斗的时候谁占有优势？是

［1］　"Bestami, Bayazid", entry in *Encyclopaedia Iranica*, Vol. IV, Fasc. 2, 183—186. http://www. iranicaonline. org/articles/best ami-bastami-bayazid-abu-yazid-tayfur-b.

疯狂的自信（变得高高在上），还是狂热的谦虚（成为工具）？这场战斗最终没有发生，没有为任何教义报仇，也没有为任何情结平反……但问题是，哪个救世主占了上风？

上述选集展示了**先知之夜**的一个罕见的替代方案，它选自不同的文本和作者，其中中世纪的苏菲派神秘主义者巴雅兹德·巴斯塔米声称他自己在夜间穿越天空。其结果是天平的畸形转动：因为神秘主义者到达天堂后，宣称自己与神圣的造物主平等，然后超越了造物主，迫使天使们崇拜他，要求向他祈祷，以他为新的中心重新调整轨迹。他爬上天主的空缺宝座，命令众生举行高级的崇拜仪式。挑战者；新兴的竞争者；疯狂的篡夺者。升天在这里不再仅仅是对前存在的半表演性考虑，而是对终极者的存在性呼唤。此外，它还包括前面描述的两个条件的几乎不可想象的融合，即把极端自负和极端谦卑融合成一个完美的意志之锚或踏板。它只能在黑夜发生，在它的黑曜石衣钵下，极端具身化的悖论（化身为一切和什么都没有）占据了上风。

概念图（升天之夜；暗夜的物体）

先知

胸部

翅膀

骏马

丝绸

岩石

杯子

鸟，海

门

武器

碑铭

地狱（锁，樟脑，链子，钉子，饮料，水果，头，脖子，

嘴，舌头，胃，蝎子，河流，山谷）

颂歌

元素（风、雨、泡沫）

面纱

房屋、树木

墨水

天堂女神（皇冠，骨骼）

宝座

篡夺者

《穆罕默德升天》（约 1539—1543 年）

归于苏丹·穆罕默德，出自《尼扎米的康塞》

第四章

神化之夜（暗夜的概念）

偶像之夜；异教徒之夜；大师之夜

有一种对古代世界的神灵崇拜错误的认知，即把这些神灵视为人类原型经验的抽象化身。在这种解释性的范式中，早期的神灵象征性地代表了半无意识（the half-unconscious）、半认知的主体（half knowing subject）所面临的被压抑的内部愿望或复杂的外部现象。但如果这种等同关系完全错误呢？如果这些意义深远的神灵是超出人类想象的第一个路标，允许意识通过新的概念变迁而超越自身，进入不太可能的可能性（unlikely possibility）的领域呢？如果这些被恢复的石化面孔，往往是毁容的、野兽般的，或根本无法想象的，与自我反思无关，但却允许思想拥有内在的侵入的理由，表现出视觉极限的另一面，那又会怎样？神圣的恐怖或美丽是第一个超越。

在文学、神学、视觉艺术中，未来主义预测所描述的夜间世界往往一成不变。随着两个世纪前电力的发明，出现了一种光学妄想症，它认为未来看起来像永久的黑暗，这是现代城市引入人工照明所带来的恐惧。不知何故，在 19 世纪大都市的照明里，路灯似乎是一个邪恶的望远镜，可以看到一个即将到来的时代，在那里，太阳和黎明将不复存在。此后所有的光芒都将成为模拟的、全息的和荧光的；炽热显得虚假（卤钨灯闪耀着异化的光芒）。

但古人也有这种偏执的时间观，这就是为什么在他们看来，被黑暗所束缚的神明和女神不外乎是癫狂心灵的生命现实化。**夜**是离群索居的舞台，既狰狞又迷人；**夜**是放着玩偶的箱子，里面有个小雕像，它变异的手臂挥舞着木槌、斧头和菜刀。夜神的雕像不是出于对**造物主**的标准纪念（赞颂，理想化），而是出于对歹徒的反纪念（与怀疑、恐吓、畸形的崇拜相关联）。夜神是好奇的、反复无常的，但不一定都是蓄意的。

这些上层和下层演员确实是概念，但绝不是原型。他们在思想的耸人听闻的范围内开花结果，对他们来说，没有稳固性（只有涉水[1]）。没有任何合法的政治秩序追随这样的夜之神灵（没有大臣、王朝、法官），也没有任何适当的神职人员来布道或编纂仪式；这里只有异教领袖，如候选人、预言家、大师，他们的诱惑足以让我们的恐惧变成现实。

巴比伦之夜：沉默、不公正、占卜

被严加看管的王子们。

---

[1]　涉水时难以平稳地行走。——译者注

> 锁栓放下了，锁环放好了，
>
> （虽然以前）十分吵闹，但人们都沉默了，
>
> （虽然以前）十分开放，但门都锁上了。
>
> ——《古巴比伦人对夜神的祈祷书》[1]

巴比伦人对夜神的祈祷是我们所声称的概念混乱的一个完美入口，因为它已经始于一个逆转的暗示。（王子们）无可挑剔的权威现在突然变得脆弱，需要额外的保护；（宫殿、庙宇的）坚不可摧的结构现在突然变得有所疏漏，需要额外的防御；喧闹的文化突然变得安静；所有的门户、关口和通道突然关闭。任何应该发生的事情——日常秩序——都被**夜**的不屈不挠的压力所颠覆。意义不再是安全的；思考不再是安全的；存在不再是安全的。那些宏伟的概念都处于混乱状态中。

在这段描述性场景的开场白中，有两件事需要迅速被辨别：（1）夜幕降临时，某些不知名的行动者必须积极应对这一过渡，守卫并封闭所有神圣的空间；（2）夜幕降临时，某些不知

---

[1] 参见杰弗里·L.库利《古巴比伦人对夜神的祈祷书》，第 82 页。（"An Old Babylonian Prayer to the Gods of Night", in Jeffrey L. Cooley, in *Reading Akkadian Prayers and Hymns*: *An Introduction*, ed. A. Lenzi, Society of Biblical Literature, 2011. It can also be found at the website of the SEAL Project of the Department of History, SOAS University of London.）

名的行动者必须积极打破所有承诺、保证、阶层、藩篱和誓言。在这种夜间豁免的状态下，可以先行搁置（关于法律、信仰、权利的）冠冕堂皇的誓言（the Word）；不再尊重一切。因此，可以损害不可改变的事物：一边是那些发誓要通过这种潜在暴力的长夜来维护政权的人；另一边是那些在这个狭窄的窗口抓住机遇，进行违规操作的人。是精英们变得战战兢兢，而可怜的人变得充满掠夺性（革命性的反转），还是更有趣的事情：**夜**带来了未知的教派，不相关的血统，和根本不相干的种群？它们是引人入胜的还是卑躬屈膝的构型，是解放的还是无情的，抑或是两者兼有？我们甚至不清楚威胁这个文明的边界墙的确切类型：人类（叛徒、海盗、杀手）、非人类（怪物、外星人、神灵）、自然（地震、旋风、潮汐）或魔法（咒语、诅咒、命运）。我们所知道的是，预期的世界已经让位给了一场空中飞人式的交替表演。

> 大地的神（和）大地的女神
>
> 沙马什、辛、阿达德和伊什塔尔，
>
> 已经进入天国的怀抱（the lap of heaven）
>
> 他们不作判断，不审理案件
>
> 夜晚蒙上了面纱

遮掩着王宫、教堂、内殿（cella）

旅行者祈求神，但（提供）决定的人仍在沉睡

真理的法官，贫穷女孩的父亲

沙马什已进入他的内殿[1]

空间并置一："大地"（the land）对"怀抱"（the lap）（表面对深度），后者假设了一个神的幼龄化（他们是否又变得无助，像孩子一样？）或神正在休息（他们是否进入冬眠或懒散状态？）。

空间并置二："旅行者"（the traveler）与"内殿"（the cella）（暴露与隐退），后者是指圣地或寺庙内室的不可接近的地方，但也与囚犯的牢房（cell）、房屋的地窖（cellar）和身体的细胞层（cellular level）有词义上的相似。因此，表面上的世界已经颠覆；调查者发现没有待回应的答案，搜索者发现没有可到达的目的地。相反，我们处于类似于地下密牢（oubliette 来自法语的 oublier，字面意思是"遗忘"，指只有一个头顶上的活板门的地牢结构）的地方。那么，当所有的形而上学都进入这样的秘密地窖，或者当神明自己在深幽的地下密牢中沉睡，会

---

[1]　杰弗里·L. 库利：《古巴比伦人对夜神的祈祷书》，第 82 页。

发生什么？

不过，并不是所有的天空力量都退缩到了内殿：因此我们必须有效地阻隔那些在黑夜的遮蔽下变得过时的神（以及延伸的概念）。首先是沙马什（Shamash），他是巴比伦—阿卡德太阳神，代表正义和正直（他的两位大臣），蓄着胡须，手臂修长，以太阳盘或光芒四射的四角星为象征，经常手持豹头弯刀或有缺口的匕首，在古代图腾中，他的身边围绕着人面牛身的神物。他在马背上或战车上治理宇宙，据推测，他为人类文明制定了第一部法典，有时他被英勇地誉为"夜的光明征服者"，或者说他只在夜间承担有限的职能，作为地狱的法官。他是死者和活人（商人、旅行者、国王）的保护者，亦是社会正义和公平的执行者。但沙马什在这场祈祷中已经落入无意识中，他的袖手旁观标志着公平的缺失、全知的模糊、裁决的延迟和追求的无目的性。取而代之的是，我们必须假设对立的或第三层级的（third-degree）概念被释放出来以实现它们的可能性：以赤裸裸的不公正或不道德来填补正义的空白；以追溯性的视野或盲目来填补占卜的空白；以非判断、随机的命令或错误的决定来填补计算的空白；以徘徊、迂回或静止来填补历险的空白。而当旅程失去了它的原型保证人，或者当全知全能的人闭上眼睛时，我们的故事会如何发生?[1]

接下来是辛(Sin)——幼发拉底河流域的月神,乌尔城的守护神,太阳神沙马什和伊什塔尔的父亲,他与伊什塔尔组成了星际三神,是牧民、芦苇和沼泽地的保护者。以牛角形象形成的新月为象征,被描绘成老船夫或骑着有翅膀的公牛的牧牛人,在数字上与三十(农历月)相关联,经常祈求生育和缓解分娩的痛苦。在古代碑文中,月神辛也被称为"其心不可读者"和"比所有神灵更有远见者"。因此,我们看到在这个神的力量组合中,有两个难以置信的重要概念在起作用:谜和未来。但是,辛也走到了深处,进入了某种沉睡的褶皱或肚脐中,这意味着我们不再有机会接触到深奥/隐秘或遥远/未来的智慧;知识论上和时间上的距离都扩大到不可调和的程度。我们可以假设,取而代之的是栖息在未来讲述的失败中的猜测,而胡言乱语的许多分支充斥着谜题的解决方案的失败。所有事物都具有向前和向后、向上和向下的根本不可知性,以

---

[1] 有关美索不达米亚神灵——沙马什、辛、阿达德、伊什塔尔、吉拉和埃拉的信息均来自以下作品内容的组合。Stephanie Dalley(translator), *Myths from Mesopotamia*: Creation, The Flood, Gilgamesh, and Others, Oxford: Oxford World Classics, 2009; Jeremy Black and Anthony Green, *Gods, Demons and Symbols of Ancient Mesopotamia*: *An Illustrated Dictionary*, London: The British Museum Press, 1992; Glenn Stanfield Holland, *Gods in the Desert*: *Religions of the Ancient Near East*, New York: Rowman & Littlefield Publishers, 2009; *Encyclopaedia Britannica*; *Ancient History Encyclopedia*; and Ancient Mesopotamian Gods and Goddesses Project, http://oracc.museum.upenn.edu/amgg/.

及随之而来的群体的潜在解散和可重复的故障。那么，当新月变成一个刀锋已钝的工具时，会发生什么？

阿达德（Adad）是风暴神和雨神，最初由亚摩利人带来，也被称为"雷神"，他经常被描绘成戴着头饰或角质头盔，手握闪电矛，以狮龙或柏树为象征，他的任务是检查宇宙空间。他是愤怒和情绪波动的神，总是在仁慈（促成丰收的季节性降雨）和灾难（摧毁庄稼的洪水）之间摇摆不定，他与谷物女神结婚，而后者以对土地的可怕鞭挞而闻名。因此，在我们的夜间祈祷中，阿达德（水井和运河的监督者）的不在场带来了一种概念上的（旱季的）荒芜部分的展开：饥馑、旱灾、饿殍遍野。**夜**是最严酷的有限性；牧民的生活在黑暗中变得严酷；神的愤怒和飓风的丧失预示着一个匮乏的时代（weatherlessness，没有气候可言）。此后，饥饿、干渴和生存成为唯一的主要推动力；所有的存在都涉及"剩下的东西"这一简单的问题（搜刮、囤积、收集残羹剩饭）。那么，让我们把两个相关的词铭记于心："沙洲"（alluvion，"水对海岸的冲刷或流动"）和"冲积层"（alluvium，"河谷或三角洲中流动的溪流留下的黏土、淤泥、沙子和砾石的沉积"）。淹没和沉积物的因果理论将扩展到地球层面，特别是在现在寸草不生的世界中：当风暴之神收回雨露（因为没有任何东西生长），只剩下残留物控制宇宙时会发生什么？

这个序列的最后一个是女性之神伊什塔尔（Ishtar），她是金星的女神，即暮星和晨星的女神，也是性欲和战争的神，通常被描绘成裸体形态或披着敞开的斗篷，身着暗红色和天蓝色的衣服，背后绑着武器。她没有母性，但总是充满诱人的年轻和淫乱，是妓女、酒鬼和寻欢作乐之人的守护者，她的标志是储藏门、玫瑰花或圆形射线，遍布整个古代世界的妓院、澡堂和酒馆。甚至还有关于她在地狱迁徙的故事，在经过苏美尔的库尔（尘世存在的阴暗洞穴和阴暗镜面）的每一层时，她逐渐脱去衣服和珠宝。因此，"她演变成一个更复杂的角色，在神话中充斥着死亡和灾难的意味，是一个具有矛盾内涵和力量的女神——火和淬火，欢喜和眼泪，公平竞争和敌意"[1]。伊什塔尔作为所有感官和军事艺术的女性拱卫者，散发着两个领域的侵略性和诱惑，然而《古巴比伦人对夜神的祈祷书》战略性地暂停了她的干预。因此，是什么概念填补了欲望和战斗这两个亲密的空隙？绝对的独立？一个什么都不曾触及的夜幕世界？或者也可以想象，神灵的行动领域（性、战争）仍然存在，尽管伴随的激情被抽空了；想象所有的情感渴望、满足或荣耀都从经验层中抹去，只剩下刽子手呆滞的、无神的目光和刀刃。感觉仍然丰富，但却处在总体的冷漠中；身体仍然沉浸在复杂的纠缠编排中，但只被一

----

[1]   https://www.britannica.com/topic/Ishtar-Mesopotamian-goddess.

些暗淡的施虐准则所驱动。当曾经崇高的协调现在穿过最空洞的眼睛，当中立的苍白力量单独控制爱与恨的天平，会发生什么？

[旁注：在《巴比伦塔木德经》中，出现了一个名为莉莉丝[1]（Lillith 源自阿卡德语的 lilitu，意思是"晚上的生物、幽灵或怪物"）的夜魔，以性欲旺盛、使不孕妇女发疯、从床上绑架熟睡的孩子而臭名昭著。后来在犹太神话和神秘主义圈子里，莉莉丝这个夜行者的形象被重新解释为亚当在花园里的第一任妻子，她由同样的尘土创造（同夏娃与她丈夫的肋骨的关系相对），因此拒绝对男性伴侣的顺从。相反，她背叛了亚当，与萨麦尔（Samael)[2]——死亡天使长交配，萨麦尔的名字意味着"上帝的毒液""上帝的毒药"或"上帝的盲目"，他的头衔是引诱者、指控者和破坏者，他们的爱欲关系是第一个恶魔种族产生的原因。[3]]

伟大的夜之神，

光明的吉拉，

勇士埃拉，

---

[1] 莉莉丝是犹太神话中一个人物的希伯来语名字，一般认为她部分来源于历史上远早于美索不达米亚宗教中的一类女性恶魔。——译者注
[2] 萨麦尔，掌管人类的生死的死亡天使长。——译者注
[3] "Samael" in *A Dictionary of Angels*, *Including the Fallen Angels*, by Gustav Davidson, New York: Simon & Schuster, 1999, p. 255.

弓，轭，

猎户座，狂暴的蛇，

马车，山羊，

野牛，角蛇[1]

根据巴比伦的宇宙观，夜需要有憎恶能力的神（作为夜间意志的载体）：这些是伟大的反击艺术家，是可憎的遗产的神灵。不过，在这个反昼夜分类法的后面几页中，还有一个未被提及的名字——提亚马特（Tiamat）——盐海、黑暗、混沌和创造的原始女神。她是一个来自永久夜幕时代的矛盾生物；她是一个毁灭之神，但其被切开的身体部分却形成了天堂和大地；她既是无意识的、鲁莽的毁灭者，又拥有邪恶的智慧；她沐浴在永恒的黑色中，却被称为"熠熠生辉者"。她是一位不慎的母亲，是一条海蛇，第一代神灵就是从她那里（在水的宇宙中）产生的，虽然这些神灵也是第一批恶魔，她摇晃的鳞片诱发了实存的原始旋涡。

正是由于原始的断然控制（没有白天的夜晚，光明之前的黑暗），**夜**的神灵们才会出现。上述所列的大多数实体都是非同一的：它们不受以前神灵的详细神话叙事和象征性功能的束缚，而是通过

---

[1] 杰弗里·L. 库利：《古巴比伦人对夜神的祈祷书》，第82页。

它们有形的轮廓，体现为夜空中实际的星座而得到认可。他们的轮廓和照明在视觉上不言而喻，并且代替了拟人化的还原，与更广阔的动物性、交通工具和物体领域相关；这些神灵不是在寻求原型的意义，而是来自更接近儿童对云的形状的想象的感知能力（因此明显的相似性推翻了隐喻的抽象性）。

　　尽管如此，从一开始，两个特别的神的区分就值得注意——吉拉（Girra）和埃拉（Erra）。在第一种情况下（吉拉），我们站在一个火和水银光的夜神面前，他是锻造厂、窑和熔块的主人，但有三个关键的烟火技术条件：（1）他的火拥有主要的技术构成，作为冶金和石匠的守护神（他的信徒有：铁匠、锻工、砖匠）；（2）我们没有能够从已发现的人类图腾上找到他的象征（逃避人格化），但他的敬拜场所到处都是火炬的单一标志；（3）我们认为他是火灾、失控的火焰和燃烧的田地的来源，令人恐惧。因此，我们在这里有一种奇妙的概念上的关联：一方面，假定的神圣力量正从其超越的排他性中跌落，成为劳动、本能消耗和工匠手艺的具体形式（行会的诞生）；另一方面，这个由努力和聪明才智所搭建的新世界与对技术发明的反乌托邦潜力的敏锐意识相关联。这就是为什么吉拉是邪恶的逻各斯（毁灭话语）的形象，具有其他所有神灵都无法企及的"浩瀚的心灵"：他感觉到房子可以烧毁；城市可以烧毁；整个宇宙可以烧毁（拉动点燃宏观世界的杠杆或开关）。在形而上学的正统观念和人文主义意识形态之外——历史经验的两个主导阶段——在可悲的辩证法之外我们有一种非形而上学的、同样非人文主义的对工匠、把手和机器的奉献，它高于一切。因此，在吉拉神庙墙壁上，火炬的审美盛行预示着**夜**的另一个重要方面：它用对工具（主人的谵妄）和世界末日风险的梦想（主人的诱惑）的赞美取代了对存在（神学——本体论）的崇拜。

同样地，我们的第二位夜神将我们置于其自身的危险现象面前。埃拉——瘟疫之神，起源于新亚述，人们在护身符石和护身文中绝望地恳求他，他的名字在词源上来自"烧焦的"或"焦土"，他的绰号是"夜间巡游的领主"。他是饥荒和瘟疫的制造者，但也是猎人的保护者，这两个事实使我们能够沿着以下思路进行概念上的融合：要与这个可怕的七神领袖打交道，我们必须放弃所有将爆发和祸害视为纯粹的冲动或无差别行动（蹂躏）的观点，而是开始研究一种宇宙弹道学（与射弹的发射、推进、飞行和效果有关的力学科学领域）。因此，大流行病的年代因此成为一种被枪击的事件（an affair of being-shot-through）；此后，灾难性的时间通过仔细关注弹道和影响来衡量，类似于雪崩或流星撞击，以及永远存在的灾后影响的可能性。请注意，"弓"的星群是直接以埃拉的名字命名的，因为有一种与夜行性和传染病有关的箭术。

那么，上述三个神灵（提亚马特、吉拉、埃拉）后来在我们的夜间祈祷中，由"愤怒的"蛇和龙的星座所补充，这有什么奇怪吗？如果暴怒本身不亚于一种对"精确性中的无穷"和"无穷中的精确性"的情感性的定义，那么这种认识就把夜的统治权交给了一个新的三要素概念和它们的反原型守护者：悖论（野兽）；工具性（建造者）；释放（破坏者）。

> 愿他们站在一旁，
>
> 以便在我所行中，
>
> 在我所献的羔羊中，
>
> 你可以把真理放在那里。[1]

　　[**题外话**：我们抄录一个我岳母讲述的古老故事，这是近百年前她父亲在靠近伊朗盐沙漠的村庄里发生的一次奇怪的夜间遭遇。故事发生在一个晚上，他的家人正在招待客人，于是吩咐大儿子骑马到附近的罂粟田，带回罂粟花瓣或刨花给聚集的人吸食。然而，在他回来的路上，他经过一个圣祠的墓地，被远处的空坟中照出的不祥之光吓了一跳（当时这些地区还没有电）。他下了马，走近那个敞开的洞口，发现一根大蜡烛被固定在一块破木头上，下面是一

---

[1]　杰弗里·L. 库利：《古巴比伦人对夜神的祈祷书》，第82页。

只羊的肥尾巴,正在滴落着油脂。随着蜡烛长长的灯芯燃烧,肉已经融化得只剩下一千克了。这是一个死亡咒语的容器,附在肉上的人名逐渐减少,可以想象他们的寿命与被诅咒的羊肉一起一滴滴地消逝(最后一滴意味着致命的死亡结局)。根据描述,她的父亲因惊吓而迅速熄灭了火焰,屏住呼吸,骑着马消失在夜幕中,而且他也因为发现了这个充满魔力的装置而感到不安。之后,他自己也卧病在床九个月(也许因为他的遇见而受到了诅咒)。总而言之,我们是否要将此视为单纯的迷信公式,以及将接下来的痛苦视为精神疾病,这些并不重要:无论如何,**夜**发挥了它的作用,证明情感的力量并不关心真实性(只是煽动)。]

因此,我们已经离理解构成上述诗句中所指的"牺牲羊脏之卜"(extispicy)的姿态的复杂排列和躁动不远了:在最基本的层面上,"牺牲羊脏之卜"指的是古代美索不达米亚人解读溅落在墙壁表面的动物器官的做法。这种对内脏(通常是羊的肝脏)的检查是一种过去的法医研究方法,类似于今天对犯罪现场的血迹模式的分析;然而,这是一门祭祀融合的学科,与其说是参与了解,不如说是观察、收集和追踪样本的视觉图案。这意味着夜神确实是可读事件的所有者(尽管是用混乱的文字写的),他们的线索存在于被肢解者的明显的图案和条痕中。这意味着**占星师**的撕裂性排练带来了它自己的试炼(权力的极限),而占卜、未来性和真理等加载的概念，与某种对事物的涓滴、涂抹和溪流的夜间意识相关。

埃及之夜：审判、枷锁、破碎

> 当赛特的恶魔来到并将自己变成野兽时，伟大的君主王
> 子……在他们的神面前将他们杀死，当他们被击倒时，血液流
> 淌出来。
>
> ——《埃及亡灵之书》[1]

本节的主要焦点属于《埃及亡灵之书》及其对不同夜间场合的谨慎策划，包括：**战斗之夜；算计毁灭之夜；执行判决之夜；自我隐藏者之夜；桎梏恶魔之夜；守望之夜；节日之夜（哈克节）；夜之物之夜**，以及，**天翻地覆之夜**。为了提取反面的概念，我们与其说是研究埃及诸神的背景故事，不如说是研究他们的描述性说法，这些说法共同完成了通过地狱的致命游行的阶段。

据称，与黑夜结成特定现象学伙伴关系的埃及神灵各自拥有神秘学的惯例（拉皮条、刺激或符文的模式）。此外，他们的个人形

---

[1]　华莱士·巴奇译：《埃及亡灵之书》，第 121 页。（*The Egyptian Book of the Dead*, New York: Penguin Classics, 2008, p. 121.）

象在草地、水沟和子宫之间转换，具有惊人的叙事—理论的灵活性，更不用说他们的物理方向（有些是滑行、蜷缩、飞行或保持坐姿）。然而，在所有其他例子之前，是被称为库克（Kuk）和库克特（Kauket）的内部两面力量：他们是最初的晦暗、无序、黑暗和空虚的神，分别具有青蛙和蛇的头，性别上分别对应着男性和女性，生活在海洋深渊中，是赫尔莫波利斯的八神组成员（the Ogdoad of Hermopolis，最初的八个成对的对于水、不可见性、无限和夜的造物神），由舒[1]（Shu，名字意为"空无"）产生。库克控制着黎明前的时间，而库克特则统治着黄昏的时间，他们的两栖爬行动物的面孔也许是与尼罗河鳄鱼神有关，预示着更早宇宙论的残留痕迹。但就概念上的突破而言，我们最感兴趣的是以下五个细节，它们颠覆了大多数传统形而上学：（1）他们在完成创造角色后应该自愿死亡，在完成目的后又退回到原始的黑暗中（自愿灭亡的神）。（2）青蛙人和蛇女夫妇并不像通常解释的那样代表二元实体，而是一种悬垂的、协作的互动形式（为了流畅地延伸而自我分裂的神）。（3）这些前世界的人物并不居住在奥林匹亚的高处，而是居住在地下（生活在地下的神）。（4）他们的"光明使者"和"黑暗使者"的称谓排挤掉了所有统一的、永恒的时间概念，取而代之的是不断

---

[1] 舒，埃及神话中的大气之神、空气之神、天空的化身。——译者注

分裂的、过渡性的时间窗口（掌管时间缝隙和通道的神）。（5）这些夜神每天晚上仍然引导着太阳船安全进入夜晚，因此，即使在他们死亡的时候，他们仍然发挥着深刻的影响（从坟墓的缺损中移动世界的神）。[1]

下一代埃及神为我们提供了另外三个夜行者的身份：努特（Nat）、孔苏（Khonsu）和奈芙蒂斯（Nephthys）。简而言之，努特最初为夜空女神，经常被描绘成一个被星星覆盖的裸体女人或母牛，在大地上拱起，她的双手和双脚构成了东西南北各个方位。她的象征是梯子，名字被刻在奈菲尔塔利女王的石棺上，并有如下的祷文："下凡吧，努特母亲，走出我的身体，让我置身于你心中永恒的星辰之中，这样我就永远不会死去。"[2] 值得注意的是，女神的多重绰号——"遮天蔽日""保护者""万物之主""承载众神"和"拥有一千个灵魂的她"——也强化了前面祷文的一个完整特

---

[1]　有关古埃及神灵库克、库克特、努特（Nat）、孔苏（Khonsu）、奈芙蒂斯和阿佩普的信息来自以下作品内容的组合。Geraldine Pinch, Egyptian Mythology: *A Guide to the Gods*, *Goddesses*, *and Traditions of Ancient Egypt*, Oxford: Oxford University Press, 2004; Richard H. Wilkinson, *The Complete Gods and Goddesses of Egypt*, London: Thames and Hudson, 2017; Gerald Massey, *Ancient Egypt*: *The Light of the World*, Eastford, CT: Martino Fine Books, 2014; Charles R. Coulter and Patricia Turner, *Encyclopedia of Ancient Deities*, Jefferson, NC: McFarland and Company, 2000, and; Various Entries from *Encylopaedia Britannica*, *Wikipedia*, and *Ancient History Encyclopedia*.
[2]　Nefertari's Tomb Inscription, Queens of Egypt Exhibition, Pointe-à-Callière Museum, Montreal, 2018.

征，即她的管理方法涉及对其追随者的吞没。通过延展，虽然**夜**确是从超越的距离发挥统治力，但是它可以将存在者整个包裹并吞入其内脏或子宫（注意：法老女王渴望"融入"她的主宰）。将宇宙空间本身视为神圣的内脏：当把形而上学从父权的目光中重新定位到母性的胃里时，所有的信仰都变成了一种不朽的消化实践，会发生怎样剧烈的概念转变？

由于某些原因，孔苏也值得简单介绍一下：作为月神，他监督着月球轨道在宇宙中的夜间航行，但令人惊讶的是，他也会受到欺骗，在骰子游戏中他的部分月光都输给了魔法或文字之神——托特（Thoth）[1]。人们常常把他描绘成木乃伊，戴着一条带来财富的项链，手里拿着拐杖和权杖，面部轮廓上只露出卷曲的皇家象征的侧发；他的圣物是狒狒；他主要被用来治疗或防御野生动物；他的绰号是"旅行者""拥抱者""开拓者""捍卫者"和"靠心脏生活的人"（与他吞噬法老的敌人有关）。也许最有趣的是，他有时被称为孩童孔苏，也名生育之神：因此，神圣的儿童（而不是成人）形象统治着孕育和分娩。因此，一个奇怪的观念组合跟随这个夜游的神：根据记载的标题和故事情节，他既是嗜血的（吃胎盘和高贵对手的器官），又是仁慈的（保护夜游者和分娩的妇女），也是无

---

[1] 托特，埃及神话中的智慧之神。——译者注

辜的（当运气和天空投注的计划分散他的注意力时，好像让人觉得他对自己的职责漠不关心）。他残忍、慈悲、玩世不恭；一个变幻莫测的神，像他自己的残月，他将根据自己不断变化的奇思妙想来报复、原谅或危害他的宇宙份额。

与上述人物关系密切的是女神奈芙蒂斯（Nephthys），人们对她知之甚少，只知道她的血统（奈特的女儿，她从奈特那里获得了夜间的力量），她的姐妹联谊会［伊希斯（Isis）[1] 的妹妹，和她一起举行所有的葬礼仪式］，她的婚姻［不被信任的塞特（Set）[2] 的妻子，混乱、陌生和沙漠之神］，以及她的后代［豺狼头的阿努比斯（Anubis）[3] 的母亲，墓地的守护者］。她是一个与灵魂穿越之夜明确联系在一起的神灵，象征着风筝或猎鹰的翅膀，是墓塔的保护者，象形文字典故记载她始终置于死亡、病态和水的直接呈现之中。正如下面的金字塔文本所指引的："上升和下降；与奈芙蒂斯一起下降，与夜树皮一起沉入黑暗。"[4] 除此之外，她还承担着女祭司和神圣女护士的角色，因拥有火的气息而为人们所惧怕，却又因收集奥西里斯（Osiris）的断肢而受到赞美，最终以赋予法老

---

[1]　伊希斯，古埃及的丰饶女神。——译者注

[2]　塞特，埃及神话中的大气之神、空气之神、天空的化身。——译者注

[3]　阿努比斯，埃及神话中的死神、丧葬之神。——译者注

[4]　Pyramid Text Utterance 222 line 210 cited in R. O. Faulkner, *Ancient Egyptian Pyramid Texts*, Oxford: Oxford University Press, 1969.

以"月光下所隐藏的东西"[1] 的视觉而知名。然而,正是这两个最突出的称谓,让我们能够梳理出新颖的概念场所——"神庙围墙的女士"和"防腐剂商店的女王"——因为这些不平衡的旗帜同时让我们看到祭坛和验尸台、**占星师**和洗尸人、神庙和停尸房,它们双双合二为一。因此,我们应该问一问生与死之间的平衡行为。如果所有的时刻实际上都只是蜿蜒地涌向死亡,形而上学和凡人的实存都在为尸体的反冲做准备,而所有(神圣的或亵渎的)语言都是哭泣的女人的合唱,那该怎么办?此后,所有的哲学都成了逝去的人毫无争议的事情。

[注:为了强调埃及的夜神论及其天空中的黄道十二宫,我们也可以考虑丹德拉的哈托尔神庙代表的辉煌天文成就——它的柱子、大厅、方尖碑、柱子和天花板上,装饰着绿松石的十二位身穿波浪形长袍的女性神灵(每一位都被分配到夜晚的某个特定时刻)。因此,时间性已经被认为是一种分配、分享和部分配给的迂回之事。][2]

虽然,与其说阿佩普(Apep)是一种神力,不如说是一种古

---

[1] A. Gutbub, J. Bergman, Nephthys Découverte Dans un Papyrus Magique in Mélanges, Montpelier, France: Publications de la Recherche, université de Montpellier, 1984, cited in https://en.wikipedia.org/wiki/Nephthys.

[2] 有关丹德拉的哈托尔神庙的高级图片和描述,请搜索以下链接:https://paulsmit.smugmug.com/Features/Africa/Egypt-Dendera-temple/。

老的邪恶生物，但我们可以简单地将其视为一条巨大的海蛇，据说它一向潜伏在原始的阴暗中和**夜的第十区**中，是太阳神拉（Ra）的夙敌，尽管阿佩普是由它的克星（太阳神）的脐带形成的。阿佩普居住在地平线以下，它的地下活动会引起地震，其外号包括"**尼罗河的蛇**""**邪恶的蜥蜴**"和"**世界包围者**"。不过，对我们关于**夜**的概念实验来说，最富有成效的是古埃及祭司关于击败阿佩普的指导手册。这本名为《推翻阿佩普之书》（或其希腊语翻译为《阿波菲斯之书》）的手册详细介绍了复杂的战斗阶段，包括："**向阿佩普吐口水，用左脚玷污阿佩普，用长矛刺向阿佩普，给阿佩普戴上脚镣，用刀砍向阿佩普，以及向阿佩普放火。**"[1] 战术上从基本物质输出（唾液）到元素属性（火），再到人造武器（长矛、刀）以及拜物教生理学（左脚），最后到交感巫术（sympathetic magic)[2]（撕碎肖像），每一种都允许人类参与者协助宇宙去残害一个沉浸在阴暗和泥泞的外部世界的生命。

最后，《埃及亡灵之书》让我们对**夜**、黄昏和阴影进行了深刻的哲学思考，特别是沿着迄今为止所征集的创造性绰号的相同路线，它为我们提供了几个出发点。夜的每一种划分都有它自己的回

---

[1] P. Kousoulis, *Magic and Religion as Performative Theological Unity: The Apotropaic Ritual of Overthrowing Apophis*, Ph. D. Dissertation, University of Liverpool, Liverpool, 1999.

[2] 交感巫术：基于模仿或对应来产生影响的巫术。——译者注

响——对于此时和彼时、这里和那里，所有致命经验中的模糊情绪都是如此。

因此，我们开始阅读"战斗之夜……［无能造反者的孩子］进入天堂的东部，天堂和整个大地上都发生了战斗"[1]。**战斗之夜**将我们置于明确无误的宗派逻辑中，革命的领土性同时迅速席卷了世俗和其他世界的空间，并将其按不同派别切割成碎片（注意"整个大地"和"东部"在同一表述中的连贯性）。

然而，这个**战斗之夜**在同一页被定性为"筹划毁灭的夜晚，它是焚烧被诅咒者的夜晚，是在街区推翻恶人的夜晚，是屠杀灵魂的夜晚"[2]。因此，我们发现了一个正当的屠杀原则，按照这个原则，最纯洁的中立者却在某种程度上能够做出最可怕的行为：方法越怪异，现实反倒越神圣。这种模式既不像宗教裁判中的重重虐待或连环杀戮，也不像烧死女巫的偏执蛮横，而只是取决于对明确反应的物质性渴望（不管是什么，只要能提高出血量、甩动、尖叫就行）。没有伴随着权力的主观思想，展示出焦虑心理学的复杂性，这个**战斗之夜**输出的是朝向对方的接受性、反作用力和交互性（感受压力点）的简单好奇心。

继续读下去，我们遇到了一个相应的引文："夜之物的夜晚，

---

[1]　华莱士·巴奇译：《埃及亡灵之书》，第104页。
[2]　华莱士·巴奇译：《埃及亡灵之书》，第104页。

在战斗的夜晚，在赛博（Sebau）魔鬼的枷锁的夜晚……"[1] 这就把物、魔鬼和怪异强加给了我们。这种畸形和半恶魔学的转变最终将**夜**与邪恶联系在一起（尽管是通过消灭邪恶），同时也进一步引入了锁链的概念（以及如何捆绑十恶不赦的人?）但是，作为獠牙的赛博不仅仅是障碍；更确切地说，它是奥西里斯（Osiris）[2] 通过夜间复活追求无敌的目标的噩梦。它使不确定的东西变得确定；它使**存在**（Being）一劳永逸地消失；这样一来，它通过建立绝对的终结性（没有下一步，没有超越，没有回归），从而威胁到形而上学的核心，这是一种封闭的和不可逆转的虚无主义力量，如果取得胜利，它将使所有的神性变得过时。

在这个与众多无效性的庞然大物对抗之外，我们来到了"伊希斯躺下守夜，为她的兄弟奥西里斯哀悼的夜晚"[3]。这个守夜和哀悼的夜晚标志着一个特定的节日，名为"哈克神的夜晚"，所有人都为之狂欢。"在'这（Teni）'之中升起欢乐。"[4] 不过，这一事件的特定神话内容并不重要，重要的是现在伴随着我们古代之**夜**研究的狂欢、奇观和宏伟表演这一纯粹的事实。更确切地说，我们

---

[1]　华莱士·巴奇译：《埃及亡灵之书》，第116页。
[2]　奥西里斯，埃及神话中的冥王。——译者注
[3]　华莱士·巴奇译：《埃及亡灵之书》，第119页。
[4]　华莱士·巴奇译：《埃及亡灵之书》，第119页。

已经跨过了从正统到戏剧的悬崖:禁食和盛宴的庄严仪式被设定为扮演奥西里斯的死亡和重生,从而证实了模拟或激情表演在夜间警戒(守望)和普遍哀悼(哀叹)任务中的核心作用。而这种极端的焦虑(成为守望者)和极端的悲伤(成为传说者)以某种方式达到了"快乐"的顶点,这一事实指出了一个不可能的概念转换,即在这个神灵的故事讲述的最远岸,所有灵魂的存在悲剧都转化为身体的狂喜动力(人口的操作逻辑)。

让我们提出一个异教徒为之狂热的新理论:狂热主权,这个理论自相矛盾地包含了对法律的根本遵守和对法律的根本违反(最后的愤怒)。因此,我们发现,在"君王的面前",既穿插着"对那些将要死亡的人执行判决的夜晚"[1],也穿插着"在他们的血液中打破和翻转传统的夜晚"[2]。因此,夜间方程式的一部分目的是维护和封印神的铁律,特别是在谴责命运不济的人的最终死亡方面;而另一半则表明神的愤怒,这种愤怒恰恰超越了自身,将创造的领域夷为平地。两者都是狂热的形式——前者是信守承诺,后者是不守规矩——它们共同把我们带到了以下的概念边缘:在某些夜晚,遵守众神的规定,执行残虐的行为,然后变成愤怒、怨恨,粉碎结构的报复性愿望。这不是标准的公理,借此,(在一种虚伪的

---

[1] 华莱士·巴奇译:《埃及亡灵之书》,第 120 页。
[2] 华莱士·巴奇译:《埃及亡灵之书》,第 121 页。

自由区域），至高无上的人物构成了超越服从于自身使命的存在，而是主权的经验层面，在这个层面上，诸神开始对自己遵守的法律表示难以置信的憎恨。因此，我们发现"执行判决之夜"和"破土而出之夜"之间没有任何矛盾；相反，它们作为夜间意志的连续阶段相互融合，是痴迷的形式和世界末日的无形之间的细微差别，因为第一个维度（审判）的饱和导致了第二个维度（天启）的不满足。

这部伟大的亡灵巨著的最后一层涉及"以各种形式自我隐藏者之夜"[1]，这表明古代文明的狡猾头脑已经解决了现代形而上学和意识形态的困境，即，它调和了每一个神学政治秩序背后的存在和不存在的有毒辩证法，并延续到我们当前的时代，设想神反而将自己伪装成世界中的各种混杂的部分。这些神没有占据虚幻的隐蔽性和抽象性的话语，也没有通过极端有形的（ultra-tangible）惩罚展示（斩首、焚烧、钉死）来过度补偿其薄弱的无形性（intangibili-ty），而是在我们中间走来走去，埋伏在我们中间，每个人都隐藏在夜晚的公开视野中，成为一个由许多面孔、面具、舌头、长袍、味道、比例和姿态组成的集群、军团或行头。他们并没有退缩到看不见和说不出的气泡中，而是采用了无限的面孔、服饰、假名和方

---

[1] 华莱士·巴奇译：《埃及亡灵之书》，第121—122页。

言，以避免日常身份的清晰可辨的束缚。

波斯之夜：虚假的世界（陷阱）

"巫师之谜"的反常、邪恶、不义的仪式，包括赞美毁灭者阿里曼。

——登卡（The Dēnkard）[1]（马扎恩·琐罗亚斯德教文本）[2]

据说拜火教的超自然存在者安格拉·曼纽 [Angra Mainyu，后来在中波斯语中被称为阿里曼（Ahriman）]，他会误导人们进入黑暗，是"众达瓦之达瓦"[3] [daeva of daevas，离经叛道（deviant）和魔鬼（devil）的词源]，在夜幕降临时迫害世界。他是全能的角

---

[1] Dēnkard（字面意思是"宗教行为"），用巴列维书写，是对 10 世纪马兹德宗教知识的总结；编辑 ādurbād ēmēdān 将最终版本命名为"一千章的 Dēnkard"，参见 "Dēnkard" 词条，《伊朗百科全书》，https：//www.iranicaonline.org/articles/denkard。——译者注

[2] Dēnkard（p. 182. 6）cited in J. Duchesne-Guillemin, "AHRIMAN," Encyclopædia Iranica, I/6-7, pp. 670-673; an updated version is available online at http：//www.iranicaonline.org/articles/ahriman（accessed on 28 March 2014）.

[3] 达瓦，一种古老的影子恶魔生物，是一种特殊类型的恶魔，可以被其他恶魔召唤出来。——译者注

色："第一个'破坏性精神'，原始选择的对立双胞胎之一，光明
和火神的对手，死亡的创造者，邪恶私欲的满足者，只教给人类
'最坏的想法'，并煽动感知的危机，居住在非存在中，是一个形状
窃取者，他的名字被倒置地写在厌恶中，在感觉上与臭味和噪音相
关联，有自我切割和自我烹饪的非正常堕落倾向。"根据上面引文
中这段话这样罕见的描述，在阿里曼的荣誉（不誉）中也有崇拜仪
式，参与仪式的人将粉碎"一种叫作海绵（omomi）的臼类草药，
召唤冥王和黑暗；然后将它与被宰杀的狼的血混合在一起，将它带
到一个没有阳光的地方，并把它扔掉"[1]。它是黑暗中的巫师的文
雅混合物。

　　然而，从所有阿里曼的寓言中得到的最大的概念反馈也许在
于：尘世的创造仅仅是夜神的诡计、监禁和临时监狱，由他充满光
明的对手阿胡拉·马兹达（Ahura Mazda）[2]设计。因此，我们所
知道的世俗存在（以及延伸到所有的人类生活的存在）只是装饰性
的窗花，以引诱假神离开其真正的宇宙学战场，进入一个徒劳的意
志竞赛……即一个无用的物理平面的娱乐。因此，一位拜火教神学
家写道："通过他在陷阱和圈套中的挣扎，野兽的力量被带进了虚

---

［１］　Plutarch（Isis and Osiris 47）cited in J. Duchesne‑Guillemin，"AHRIMAN，"
Encyclopædia Iranica.
［２］　阿胡拉·马兹达，善界的最高神，在与恶之神阿里曼的斗争中获得全
胜。——译者注

无之中。"[1] 这种单一的叙述手法让我们陷入了一个后果最严重的理论旋涡,因为它意味着所有人类感兴趣的形而上学的结束;它也取代了地球曾经相对于天堂的中心定位;相反,我们成了天体游戏中的棋子,我们的肉体是一个伪装和圈套,我们灵魂的上升和下降是猎人用来转移注意力的东西,以引诱他永恒的猎物。凡人的交易(文明、哲学、宗教和道德的考验)因此成了诱饵、陷阱、机关、烟花表演和装饰品,用来吸引恶人的目光,使之从正当的目标上挪开。

阿拉伯之夜: 暴力苦行主义(突袭)

这两个祭坛是由拉瓦哈(部落)的纳巴泰人,萨达拉特的儿子及阿尼姆的儿子乌拜杜制作的(即竖立的),他曾在希尔塔和阿纳的营地里当骑手,献给不饮酒的善良丰饶的神——萨伊·考姆(Shai' al-qaum)。

——祭坛铭文(公元 132 年),巴尔米拉[2]

---

[1] Zātspram 3. 23 and *Škand Gumānīg Vičār* 4. 63−79, ed. J. de Menasce, Fribourg en Suisse, 1945, cited in J. Duchesne- Guillemin, "AHRIMAN," Encyclopædia Iranica.

[2] Javier Teixidor, *The Pantheon of Palmyra*, Leiden: Brill Publishers, 1997, p. 86.

从远处来看，如果我们走在阿拉伯沙丘，最后会遇到一个神灵，使我们能够思考夜间活动性和暴力之间的持久关系：考姆（al-Qaum），他是纳巴泰人的战争和夜间之神，商队的守护者，他严厉的面孔被刻在石碑和山壁上，是前伊斯兰教的"氏族保护者"和沙漠睡者的看守者。但上述铭文刻在公元 132 年留在巴尔米拉的一个骑兵祭坛上，它从另一个角度将夜神的传统与肉食性、食人性和威胁性的力量联系起来，即神圣的苦行主义。考姆是不喝酒的神，他通过自我克制和约束，以一种意志上的羞怯来修饰自己，不喝酒，不放纵，以便达到恰当的战斗准备水平。因此，考姆与那些跨越漫长而匮乏的距离崇拜他的商人、游牧民族和士兵遵守同样的准则；他们坚持拥护者或后备战士的养生之道，并接近于"待命""受命""整装待发"和"一呼百应"的艰难时刻。因此，这并不是真正意义上的禁欲，而是将所有的冲动训练或锻炼成在夜间的单一猛烈的欲望：战士的禁欲主义和守夜人的禁欲主义，汇集成一个完美的攻击（夜间突袭）的迭代。［注：考姆也与迦南人的黄昏之神沙利姆（Shalim，以贪婪的食欲和缔造和平著称）有对立的联系，而与早期阿拉伯的月神阿格利博尔（Aglibol 意为"主的小牛"）有类似的联系，后者经常身着戎装，手拿镰刀。］[1]

---

[1] Also see Jane Taylor, *Petra and the Lost Kingdom of the Nabateans*, Cambridge：Harvard University Press, 2002, p. 126.

[**题外话**：让我们在此抄录我岳母讲述的另一个故事，这次是关于她的父亲宣誓见证了一个精灵（jinn）的夜间婚礼的奇迹事件。（精灵是阿拉伯神话中的一个超自然种族，以恶作剧或侵占而闻名，他们名字的字面意思是"隐藏"，后来形成了英语中的"精灵"。）根据这个故事，一天晚上，我岳母的父亲去给农田和果园浇水时，听到附近一座废弃的城堡里传来响亮的鼓声和音乐。他进入城堡，发现除了从一扇巨大的木门后面传来的巨响之外，没有人在场，也没有任何实际集会的迹象。他敲了敲门，迎接他的是一个当地的镇民，他认出这是一个泛泛之交；这个人微笑着向他招手并告诉他，他很快就会参与里面发生的事情。一进门，他们就看到了一场由众多宾客参加的婚宴，彩灯在椽子上串起，各种美味佳肴铺满了整个内厅。然后，他注意到新娘和新郎坐在一个高高的基座上——两人都显现出超凡脱俗的美貌——但当他看到自己已故妻子的衣服穿在新娘的身上时，感到非常震惊。他惊讶地对门外的镇民说，这正是她已故妻子的衣服，但镇民向他保证不用担心，一切都会在早上恢复原状。然而，镇民警告说，这位客人只要不说出他在每一桌饭前饭后都会说的那句话，就可以享受到庆祝活动的所有精彩内容。他困惑地坐在宴会的地板上，并没有完全推断出镇民所指的表达，他拿起一碗食物，从习惯上念出了《古兰经》的开篇祈祷词："以最慈悲的，最仁慈的**安拉（天主）**的名义。"说完这句祝

福的话，整个婚礼队伍立刻消失了，他再一次单独地留在黑暗的城堡里；他迅速站起来，跑到外面，被消逝的庆典景象吓得发抖，他开始意识到这个载歌载舞的环境是为了精灵的仪式性结合。第二天，他发现他妻子的衣服挂在通常的衣柜角落里，于是去寻找前一天晚上做主办人的镇民，结果从其他人那里听说，那个人已经离开了（没有人知道是什么时候离开的），再也找不到他了。]

西梅里亚之夜：催眠的语言（低语）

她在大洋彼岸的界限上，建立了西梅里亚人的家园。

他们的王国和城市笼罩在雾和云中。

太阳的眼睛永远无法穿过黑暗，给他们带来光明。

无论当他爬上星空的时候，

还是当他从高处回过头来再次接触大地时都是如此

——无尽的、致命的黑夜笼罩着那些可怜的人。

——《奥德赛》，第十一卷[1]

---

[1]　Homer, *The Odyssey*, Trans. Robert Fagles, New York: Penguin Classics, 1999, Book XI.

西梅里亚民族是来自黑海北部草原的一个相对短暂也不为人熟知的文明，很可能起源于伊朗，在公元前 7 世纪被斯基泰人驱散[1]。尽管如此，比起我们所掌握的几条经历史证实的记录，那些传奇的、指数般增长的虚假信息也许在概念上更有帮助，荷马对一个在无尽的文学之夜中根深蒂固的民族所做的第一次生动的尝试，使各种联想也随之而来。例如，西梅里亚人与暗无天日的界限的亲密关系使他们在地理上处于疑似洞口的死地，同时也使他们精通目盲的剑术，在漆黑中攀登高大的悬崖，甚至用夜本身的秘密语言交谈。然而，有记载表明西梅里亚人本身只是杀人，（昏暗所引起的）喃喃自语的假象，显现出人类应该有的样子，但没有更大的本体论特征要求：因为这就是"悲惨"在这里的含义——被外部自然（"无尽的、致命的夜晚"）所支配，以至于一个人从未形成一丝一毫的个人身份。希腊的第一批英雄被描述为狂躁或反社会的个人主义者——阿基里斯的愤怒、奥德修斯的狡猾——而他们共同的守护者和作者荷马要想象出一个完全缺乏心理学的民族是毫不困难的。他们学会了与**夜**交谈，这并不表明他们知情，也不是"像语言一样的无意识结构"的逻辑清晰，而是一种夜的说话方

---

[1] Sergei R. Tokhtas'ev, "CIMMERIANS," Encyclopædia Iranica, V/6, 563-567, available online at http：//www.iranicaonline.org/articles/cimmerians-nomads（accessed on 30 December 2012）.

式，它超越了意识和被压抑的子层（成为被催眠的和催眠的低语）。因此，也许**西梅里亚之夜**是一种通过声音、感觉和情绪来交流的，而不是通过意义、语法和理解；甚至是一种微妙运动的语言（例如温度下降、间歇性的空气和风、树枝的折断、天空的射出的彗星等）。

萨拜因之夜：心灵弯曲（谜语）

示巴女王听见所罗门因耶和华之名所得的名声，就来要用难解的话试问所罗门。

——《圣经·列王纪上》第 10 章[1]

公元前 1200—800 年，萨拜人是也门萨巴王国繁荣的香料商人和星辰崇拜者，他们的分形信仰包括为太阳系的七颗行星分别建造七座神庙，每座神庙都有自己独特的几何设计、颜色、仪式和金属物质。仅仅是这些行星庙宇就足以满足夜间性的基本标准（因为银河系的星辰图案只有在夜间才会出现），但我们的结论在他们的皇

---

[1] *The Holy Bible: New International Version* (Zondervan: Biblica, Inc. 2015), 1 Kings 10, NIV.

后——臭名昭著的示巴女王手中，在整个犹太教、基督教和伊斯兰
教的圣典中都隐约提到。当然，关于她对所罗门国王的访问——比
如关于她提供的特殊礼物，所罗门宫殿的王室美学，她不同的承
诺、肯定和财富——在不同的世纪和神圣的文化中，有许多不同的
解释，但有一个细节始终是不变的：谜语。据说，她在第一个晚上
来到这里，测试他的心灵，把他的思想置于扭曲和错乱的谜团中，
二人一直谈到夜色已深。

因此，示巴成为直觉的化身执政官，通过青铜时代和铁器时代
的末世论进行过滤；她是（迷失在思想中的）疲惫不堪的思想者的
替身，使意识变得越来越困难、越来越不耐用和越发混沌。她的谜
语是经过精雕细琢的微观事件，允许边缘情绪攻击教条式的格言；
她的谜语将正确的判断力引向深思熟虑的蛇形结构；她的谜语吸引
着心灵之夜的不公平的目的论者；她的谜语体现了野蛮人对僵局和
失败言论的热爱（这些言论用以扼杀基质）。在这里，语言从未用
于论证，只有给定的命题；它深饮着二分和三分的言论。萨拜尔人
因此将**夜**扣在了诡计的问答上，这些神秘化的小游戏，在一个一神
教的仆人（智慧之王）和宇宙的偶像崇拜者（谜语女王）之间
相遇。

概念图（神化之夜；暗夜的概念）

Ⅰ. 巴比伦之夜

沉默、不公正、占卜

Ⅱ. 埃及之夜

清算，枷锁，破解

Ⅲ. 波斯之夜

虚假的世界（陷阱）

Ⅳ. 阿拉伯之夜

暴力的禁欲主义（突袭）

Ⅴ. 西梅里亚之夜：

催眠语言（低语）

Ⅵ. 萨拜因之夜：

心灵弯曲（谜语）

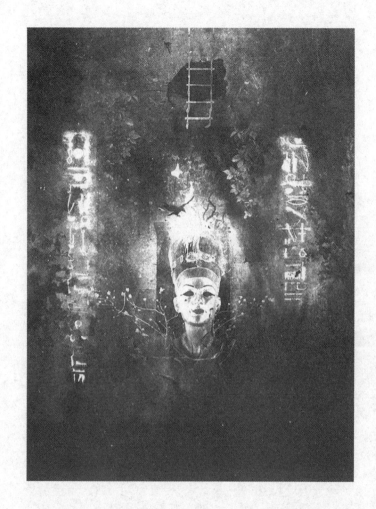

艾哈迈德·艾玛德·艾丁（埃及）:《法老时代》（2015）

结 论

殉道者之夜（暗夜的思想）

﹡这个结论包含了手稿的最终背景——那些正在夜间逝去的人（dying-at-night）和夜间已逝的人（dead-of-night）——通过这样的历史事件来完成，即抓住一个 20 世纪初不知名的游击队领袖，他逃进了山区，在夜空下冻死了。仅仅这一形象就足以让我们走向最后的夜的哲学（a last philosophy of night），以及最后之夜的哲学（a philosophy of the last night）。

﹡　﹡　﹡

夜在一个殉道者的眼睛里找到了它最细微的、精致的黑暗反射。

在一个**夜**晚找到他的照片，不管是出于自愿还是偶然，都是将思想沉入某种痛苦之中。

因为**夜**系于悲剧的范式。

殉道者的眼睛是善良的，足以让人知道这个故事会变得很糟糕。

但他在黑夜慢慢消逝让我们开始了一种概念性的童话。

因为**夜**系于故事讲述者的（一切都结束了的）悲伤。

我们第一次看到他在**夜**的森林里——躲藏、饥饿、寒冷、睡在湿土上。

他投身于叛乱行为；与残酷的国王斗争，并利用阴影来掩饰他的行动。

因为**夜**系于隐秘。

树下的这些漫长的**夜**对于特定类型的思想来说是成熟的。

明显（与家人、恋人）分离的想法，潜在的胜利和损失的想法（宿命论的斗争）；但也有越来越奇怪的想法，昆虫和动物在他身边爬过时，他萌生了人类经验的徒劳想法。他的手、指节、指甲似乎都变了形。

在夜之中这种沉思的孤独是一种近乎过敏的感觉。

因为**夜**系于疑惑。

几年后，我们发现他在**夜**里攻打城市，他在奔跑，呼吸沉重得就像他右肩上挂着的枪。

他比大多数人都高，所以要蹲下身子以避免别人发现，然后站起来击倒皇家卫兵和士兵。他在夜里杀人，照片捕捉到了他那双不喜欢暴力的眼睛。没有革命复仇的快乐，人们梦想着他即使在必要的谋杀行为中也能保持温和。

因为**夜**系于起义。

到了**夜**里，他的队伍从高处的空地上下来，潜入封建领主们的家中。

他完全可以发怒。他把施暴者作为人质，并为他们的安全返回提供大量赎金，然后将这些赎金发放给穷人、饥饿者和受压迫者。

不过，我们对他的政治取向并不感兴趣。我们在这里只是为了寻找他与颠覆性行动之间的模糊的关系，而这种模糊似乎在其他人熟睡时拍摄的一张照片中找到了自己的定位。

我们在这里寻找他极端温和的秘密。

因为**夜**系于占有和剥夺。

在那些充满了脆弱的胜利已近十年的夜晚，他把乡村外的世界从外部力量中封存起来；只要他的部队能够抵抗，他就把他的人民保护在这个绿色的避难所里。

他的名字与传奇联系在一起，由周围土地上的夜火说起。

他已经成为一个幻影，而不是一个人，这预示着终结性倒计时的滴漏中的第一滴水即将落下。

现在剩下的时间不多了。

因为**夜**系于倒计时。

在这张 1920 年前后的黑白照片中，我们可以直接看到照片中的人的黑瞳，对他来说，死亡迫在眉睫：他是将死之人，是英年早逝之人，也是过早死亡之人。或者，正如另一位奇妙的死难者曾经说过的那样，这只是在正确的时间死去的问题。

这位殉道者很快会在某**夜**遇到可怕的穿越；他毫无办法，最终，他的面孔随着北方省份的月亮的消失而消失。

因为**夜**系于消失。

夜最终让他想起了偶发事件本身。

殉道者不能延长他的故事的不可避免的燃烧消逝，因为**夜**有它自己的贪婪：它是一个收藏家，囤积了最珍贵的东西，把曾经的勇士做成花环。

他是**丛林**运动的领袖；现在，**丛林**将他吞噬（他永远不会度过他 41 岁的生日）。

因为**夜**系于退位。

最后的围困之**夜**发生在同一个冬天，迫使殉道者逃到附近的山里。

殉道者留下来，忍受着这一切；他曾经来过这里，并且已经熟稔于等待。

他的头发和胡须变得很长，显得桀骜不驯；他的肺部在低温中痉挛。

午夜里，他在门槛上躺了一会儿，呼出的气息在漆黑的空气中形成了结晶。当他的身体变得麻木时，他很平静；雪形成了他的裹尸布。

1921 年，他在山区死于冻伤。

因为**夜**系于沮丧。

收尸之**夜**发生在令人厌恶的方法中，一位贵族总督带走了冰冻的尸体，并砍下其头颅送给了新的军阀。

他半闭的眼睛依然美丽，即使在如此怪诞的背景下。

关于这位殉道者的断头，有两张截然不同的图像记录，先是送到一个小统治者的桌子上作为装饰，然后放在首都的吊桥顶上。

仿佛所有的现实都建立在这种权力的象征性展示上；除了不祥的提醒之外，什么都没有。

当我们设想他分离的王冠时，我们在模仿性的羞耻中低下了自己的头。

因为**夜**系于污秽。

针对意识形态政权的衰弱太阳，我们有殉道者的凝视之**夜**来鼓舞人心。

但灵感是类似于疯狂的东西，是星座和木偶戏的混合体（是有意志的未知的战术）。精神分析对创伤性经验的因果关系的重视程度太高，因为它一直受到早期的偏见的影响，认为疯狂只在其精神病态的极端。但**夜**所展示的是，对低级暗示的某种敏感度可以导致获得更微妙的疯狂能力：包括轻微的偏执狂能力、轻微的狂躁症能力、轻微的妄想症能力、轻微的精神分裂症能力、轻微的强迫症能力、轻微的忧郁症能力。这些都是陶醉和复苏的特性，为此，在最低限度的催化和剂量方面，**夜**提供了正确的暗示，也借此将心灵带到了其他地方。

那么，让我们用展望来结束我们对夜晚的诸多探索吧；在这个注定要在**夜**里死去的孤独生命中——在遗忘的悲伤和惶恐的眼神里，愿这个生命安息。既是经其之手，也是为其之故，他最终成为夜之逝者。

米尔扎·库查克·汗（Jangali），伊朗，吉兰省，1880—1921

附　录

关于夜的增补文字

Ⅰ.

现在是晚上:唉,我必须是光!还有对夜色的渴求!还有孤独!

——弗里德里希·尼采:《夜歌》[1]

Ⅱ.

1917 年 10 月 18 日。对夜的恐惧。对不入夜的恐惧。

——弗朗茨·卡夫卡:《蓝色八开本笔记本》[2]

Ⅲ.

如果我在对象之前对狂喜一无所知,我就不会在夜里达到狂喜。但是,似乎是在对象中**开始的**(initiated)——我的开始代表了对可能的最远的渗透——我只能在夜晚找到更深的狂喜。

——乔治·巴塔耶:《内在经验》[3]

---

[1] Friedrich Nietzsche, "Night Song" in *The Portable Nietzsche*, New York: Penguin, 1977.

[2] Franz Kafka, *The Blue Octavo Notebooks*, New York: Exact Change: 2004, p. 13.

[3] Georges Bataille, *Inner Experience*, Albany: SUNY Press, 1988, p. 125.

IV.

看到黑色！并不是说你们所有的太阳都陨落了——它们后来又重新出现了，只是稍微暗淡了一些——但黑色是永恒地从宇宙落到你们地球上的"颜色"。

　　　　　　　　——弗朗索瓦·拉鲁埃尔：《论黑色的宇宙》[1]

V.

夜幕正在降临。自从"三位一体"——赫拉克勒斯、狄俄尼索斯、基督——离开世界之后，世界时代的夜晚就一直在向它的夜晚衰落。世界的黑夜正在蔓延它的黑暗。这个时代被神的失败所定义，被"神的默认"所定义。

　　　　　　　　　——马丁·海德格尔：《诗人何为？》[2]

[1]　Francois Laruelle, *On the Black Universe: In the Human Foundations of Color in Hyun Soo Choi: Seven Large-Scale Paintings*, New York: Thread Waxing Space, 1991, pp. 2-4, p. 7.

[2]　Martin Heidegger, "What Are Poets For?" in *Poetry, Language, Thought*, New York: Harper Perennial, 2001, p. 89.

VI.

在夜间生活中,有一些进深,在那里我们埋葬了自己,在那里我们有意愿不再活下去……我们在进入没有历史的**夜**的领域时成为没有历史的存在者……没有历史的梦,只有在毁灭的视角中才能点亮的梦是在**无**或在**水**中。在那里,主体失去了他的存在;它们是没有主体的梦。哪位哲学家会给我们提供一个夜的形而上学呢?

——加斯顿·巴什拉:《梦想的诗学》[1]

VII.

但当一切都消失在黑夜中时,"一切都消失了"出现了。夜晚就是这个幽灵:"一切都消失了"。这就是另一个夜晚。当梦境取代睡眠,当死者进入黑夜的深渊,当黑夜的深渊出现在那些已经消失的人身上,这就是我们的感觉。

——莫里斯·布朗肖:《文学空间》[2]

[1] Gaston Bachelard, *The Poetics of Reverie*, Boston: Beacon Press, 1971, pp. 146–147.
[2] Maurice Blanchot, *The Space of Literature*, Lincoln: University of Nebraska Press, 1989, p. 163.

VIII.

害怕黑暗。我猜想，几乎每个人都能体会到"怕黑"的感觉。有时我们可能害怕黑暗中的一些不可名状的东西，而在其他时候，我们可能只是害怕黑暗本身……我们不知道居住在黑暗中的是什么，只知道我们的无知是恐惧的来源。简而言之，我们对黑暗的恐惧似乎和黑暗本身一样模糊不清。

——尤金·萨克尔：《星空思辨的尸体》[1]

IX.

事实上，我们将看到，无限的理想只是一个被驯服的、被驾驭的、被变得可口的无限，激进的无限性不是在甜美的梦境中表现出来，而是在无底井的空虚和毁灭的噩梦中……

——弗朗索瓦·弗拉奥：《恶意》[2]

---

[1]　Eugene Thacker, *Starry Speculative Corpse*, Zero Books, 2015, p. 17.

[2]　Francois Flahault, *Malice*, New York: Verso, 2003, p. 7.

X.

由于"死星"被"琵琶"吸收,"忧郁症"的"黑太阳"出现了。在其炼金术的范围之外,"黑太阳"的隐喻完全概括了绝望情绪的刺眼力量———种令人痛苦的、清醒的情感断言了死亡的不可避免性,这就是所爱之人和认同前者的自我的死亡……

——朱莉娅·克里斯蒂娃:《黑太阳:痛苦和忧郁》[1]

XI.

为黑夜保留你的妒忌和仇恨。但我想解释你的午夜梦境,揭开那个现象:你的夜晚。并使你承认,我作为你最可怕的对手居住在其中。

——卢斯·伊里加雷:《弗里德里希·尼采的海洋爱好者》[2]

---

[1]　Julia Kristeva, *Black Sun*: *Depression and Melancholia*, New York: Columbia University Press, 1992, p. 151.

[2]　Luce Irigaray, *Marine Lover of Friedrich Nietzsche*, New York: Columbia University, 1991, p. 25.

XII.

哦，还有夜：夜，当充满无限空间的风啃噬着我们的脸。它不会为谁而停留——那渴望的、温和的幻灭的存在，孤独的心如此痛苦地迎接它。

——莱纳·玛丽亚·里尔克：《杜伊诺哀歌》[1]

XIII.

你一年至少得有四次通宵不睡。我身边的疯子不够多，但也不能再多了。当你自己一个人的时候，一个不眠之夜并不值钱。它需要被分享。只有这样，城市才会向你敞开大门，没有死亡的想法。石像鬼作为驱魔人执行他们的工作。米埃津斯在街角喝醉了。总有一对夫妇在黎明时分通过抽签结婚。游击队的圣歌成为酒歌。撒旦开始抒情，并向崇拜者递出未上钩的红苹果。脚步踩在星星的宝库上。性的味道在口中升腾，就像牡蛎上的柠檬。只有流浪者才能成

---

[1]　Rainer Maria Rilke, "Duino Elegies" in *The Selected Poetry of Rainer Maria Rilke*, New York：Vintage, 1989, p. 151.

为诗人。

——阿卜杜拉提夫·拉比:《燃烧的午夜之油》[1]

XIV.

当它到来时,它带来了一种气味,甚至是一种香味。作为一个在这些狭窄的街道上长大的孩子,你要学会识别它。你掌握了一种探测它的诀窍,在空气中品尝它的味道。你几乎可以看到它。就像女巫的熟人一样,它潜伏在阴影中,无论你走到哪里都远远地跟着你……今晚,又有一个人开始了。

——阿提夫·阿布赛义夫:《无人机与我共进晚餐:加沙日记》[2]

XV.

那人皱着眉头。他的疲惫使他在我看来很脆弱。我爬上三个台阶,然后转身走向他。

---

[1] Abdellatif Laabi, "Burn the Midnight Oil" trans. Andre Naffis-Sahely (Poetry Translation Centre).

[2] Atef Abu Saif, *The Drone Eats With Me: A Gaza Diary*, Boston: Beacon Press, 2016, pp. 1-2.

"你为什么没有勇气杀死他们？一个正常的人会在短时间内解决他们。"

他的回答让我吃惊："但我每天晚上都杀死他们。事实上，我已经开始厌倦了。"

——艾哈迈德·布阿纳尼：《医院》[1]

XVI．

傍晚时分。月亮在跳舞，从宇宙的悬崖上翻滚而下。路西法知道她不能被触动吗？即使在她颓废、成熟、优柔寡断的时候？即使当她落入伊甸园的怀抱，她白色的球状头颅在星星的风中摇晃，她的脸压在昨天的梦的怀抱中？

——维奇瑙：《酷刑简述》[2]

XVII．

经过几周的轰炸，有一天早上我们醒来时发现天空一片漆黑。

[1] Ahmed Bouanani, *The Hospital*, New York：New Directions, 2018, p. 137.
[2] Vi Khi Nao, *A Brief Alphabet of Torture*, Tuscaloosa：University of Alabama Press, 2017, p. 33.

科威特被烧毁的油井产生的浓烟把天空都遮住了。之后下起了黑雨，用烟尘染红了一切，仿佛预示着我们以后会遭遇什么……

即使是雕像也吓得晚上不敢睡觉，以免醒来时变成废墟。

——西南·安图恩:《洗尸人》[1]

XVIII.

她想挑战她的守护神给她的承诺，但她等待着夜幕降临，因为在白天，这幅画只是一幅画，没有生命，完全静止，但在晚上，她的世界和另一个世界之间的门户打开了。

——艾哈迈德·萨达维:《巴格达的科学怪人》[2]

XIX.

夜深了，这是个问题。谁在做谁的梦? 一条断层线将我们与我们的份额分开……

昨晚，一个暴风雨的夜晚，黑格尔拜访了我的睡眠，我听到他

---

[1] Sinan Antoon, *The Corpse Washer*, New Haven: Yale University Press, 2014, p. 61/p. 103.

[2] Ahmed Saadawi, *Frankenstein in Baghdad*, New York: Penguin, 2018, p. 16.

用有节奏的声音说，"人就是这个夜晚，这个空洞的虚无：无限的表象、图像的聚集，没有一个是为了出现在他的精神中，或者是缺席。这里存在的是黑夜，（他继续说），是自然的亲密关系，是所有纯粹的自我"。他坚持说，"黑夜只是在人的想象表象周围形成一个圆圈：这里有一个血淋淋的头颅涌出，那里有一张白色的脸，总是残酷地消失"。（他告诉我）这就是我们看到的夜晚，当我们看着一个人的眼睛时：我们当时就沉浸在恐怖的夜晚中，世界的夜晚就这样面对我们。

——埃特尔·阿德南：《夜》[1]

XX.

夜晚最后的黑暗像一层薄薄的皮肤一样笼罩着这座城市。垃圾车开始出现在街道上。当他们收集他们的货物并继续前进时，在城市各处过夜的人们开始取代他们的位置，走向地铁站，打算赶上去往郊区的第一班火车，这些人就像一群鱼向前方游动。终于完成了整晚必须做的工作的人们，以及玩了一晚上的年轻人：不管他们的情况有什么不同，这两种人都同样沉默寡言。即使是停在饮料自动

---

[1]　Etel Adnan, *Night*, New York：Nightboat, 2016, pp. 28-30.

售货机前的年轻夫妇,紧紧地贴着对方,彼此也没有更多的话语。

——村上春树:《天黑以后》[1]

XXI.

无拘无束的夜。谋杀之夜。

我将不会延长期限。

杀死上帝的原初之光,星星。

——埃德蒙·贾布斯:《问题之书》[2]

XXII.

磷光宝石在黑暗中显现出光彩和色泽,在白天的光亮中失去了它的美丽。如果没有影子,就不会有美。

——谷崎润一郎:《赞美阴影》[3]

---

[1] Haruki Murakami, *After Dark*, New York: Vintage, 2008, p. 222.

[2] Edmond Jabes, *The Book of Questions*, Middletown: Wesleyan University Press, 1991, p. 61.

[3] Jun'ichirō Tanizaki, *In Praise of Shadows*, Sedgwick: Leet's Island Books, 1977, p. 46.

XXIII.

如果我在夜晚之前倒在公路上

脸贴着地面，两只手伸出来

在我体内任何沉默的力量涌动的底部

我将为迷茫的夜晚重新梳理。

——罗杰·吉尔伯特·莱孔特：《黑镜》[1]

XXIV.

在黑夜的沉默中吞噬黑夜（这并不是说每一个沉默）——一个巨大的黑夜，沉浸在失落的脚步声中的隐秘。

——亚力杭德拉·皮扎尼克：《撷取疯狂之石》[2]

---

[1] Roger Gilbert-Lecomte, *Black Mirror*, Barrytown：Station Hill Press，2010, p. 95.

[2] Alejandra Pizarnik, *Extracting the Stones of Madness*, New York：New Directions，2016, p. 97.